建设工程关键环节质量预控手册

交通分册

轨交篇

上海市工程建设质量管理协会
上海市交通建设工程安全质量监督站　主编
上海申通地铁建设集团有限公司

U0321560

同济大学出版社·上海

图书在版编目(CIP)数据

建设工程关键环节质量预控手册. 交通分册. 轨交篇/
上海市工程建设质量管理协会等主编. —上海：同济大
学出版社，2022.11
　　ISBN 978-7-5765-0126-1

　Ⅰ. ①建… Ⅱ. ①上… Ⅲ. ①建筑工程－质量控制－
手册②城市铁路－铁路工程－工程质量－质量控制－手册
Ⅳ. ①TU712.3-62②U239.5-62

中国版本图书馆 CIP 数据核字(2022)第 005076 号

建设工程关键环节质量预控手册（交通分册）：轨交篇

上海市工程建设质量管理协会
上海市交通建设工程安全质量监督站　**主编**
上海申通地铁建设集团有限公司

策划编辑	高晓辉	**责任编辑**	朱　勇	**助理编辑**	王映晓
责任校对	徐春莲	**封面设计**	陈益平		

出版发行　同济大学出版社　　　www.tongjipress.com.cn
　　　　　（地址：上海市四平路 1239 号　邮编：200092　电话：021-65985622）
经　　销　全国各地新华书店
排　　版　南京文脉图文设计制作有限公司
印　　刷　上海市崇明县裕安印刷厂
开　　本　787 mm×1092 mm　1/16
印　　张　17.5
字　　数　437 000
版　　次　2022 年 11 月第 1 版
印　　次　2022 年 11 月第 1 次印刷
书　　号　ISBN 978-7-5765-0126-1

定　　价　230.00 元

编委会

顾　问：王晓杰
主　审：贾海林
主　任：刘军
副主任：张亚林　谢华　黄昌富
委　员：王瑜　王秀志　李耀良　唐史峰

主　编：谢华
副主编：张洁　徐克洋　张川　吴申　余为
成　员：（排名不分先后）

朱新华　刘学科　韩育淞　韩磊　胡心舟　颜金泽　梅晓海　马建峰
谢铮　徐瑾　刘健　缪杰　杨子松　韩泽亮　赵文亮　董恒晟
曹俊逸　沈尉　徐经纬　施耀锋　何国军　杨伟平　陆建生　张英英
史志明　郝明强　褚伟洪　陆石基　刘诗争　李建旺　丁银平　戈秀宝
王伟　杨光　徐云龙　胡新朋　王玉祥　夏文夋　李磊　席俊章
吴继成　王生政

主编单位：上海市工程建设质量管理协会
　　　　　上海市交通建设工程安全质量监督站
　　　　　上海申通地铁建设集团有限公司
参编单位：上海市政工程设计研究总院(集团)有限公司
　　　　　上海市基础工程集团有限公司
　　　　　上海隧道工程有限公司
　　　　　上海广联环境岩土工程股份有限公司
　　　　　中煤隧道工程有限公司
　　　　　上海勘察设计研究院(集团)有限公司
　　　　　中铁一局集团有限公司
　　　　　中铁十五局集团有限公司
　　　　　中交隧道工程局有限公司
　　　　　中铁隧道工程局有限公司
　　　　　中国铁建电气化局集团有限公司

前言

进入新时代，为深入贯彻落实《中共中央　国务院关于开展质量提升行动的指导意见》，坚持以质量第一的价值导向，顺应高质量发展的要求，确保工程建设质量和运行质量，建设百年工程。

交通建设工程质量，事关老百姓最关心、最直接、最根本的利益，事关人民对美好生活的向往。随着社会的进步，人民群众对交通建设工程品质的要求日益提高。近年来，国家持续开展工程质量治理和提升行动，在上下一致、持之以恒的不懈努力下，上海市交通建设领域的工程建设质量全面提升，有力推动了技术进步、工艺革命和管理创新。质量提升永无止境，面对新形势、新要求，我们要把人民群众对高品质工程的需求作为根本出发点和落脚点。

近年来，交通建设工程迅猛发展，项目中的质量问题时有发生，特别是一些质量问题在竣工交付运行后得不到根治。从发生质量问题的项目情况来看，其原因有前期盲目抢工、施工工艺不达标、关键节点做法不正确以及施工过程监管不到位等。后续整改维修费时费力，因此，需加强前端针对性预控措施。交通工程质量问题，重在预控。

为进一步实现"高质量"的发展要求，全面实现上海市"十四五"规划中"推动高质量发展、创造高品质生活、实现高效能治理"的城市发展目标，上海市工程建设质量管理协会、上海市交通建设工程安全质量监督站在参照国家和上海市现行有关法律、法规、规范及工程技术标准基础上，组织上海市各大施工单位总结了工程建设质量管理和质量防治的相关经验，编制了《建设工程关键环节质量预控手册》（交通分册）（以下简称《质量预控手册交通分册》）。

《质量预控手册交通分册》分为道路篇、桥梁篇、轨交篇、水运篇，比较详细地分析了交通领域基础设施建设过程中对结构安全、运行安全有较大影响的关键环节质量问题的成因、表现形式，提出了针对性的预控手段。

《质量预控手册交通分册》适用于交通领域工程建设现场管理人员的日常质量管理，既可作为现场质量管理的工具书，也可作为参建单位的内部质量培训教材，对建设、勘察、设计、施工、监理等参与工程建设的各相关方提升质量管控水平都有较好的指导、借鉴意义，对实现上海市交通领域工程建设"粗活细做、细活精做、精活匠做"的质量管理宗旨有较大的推进作用。

鉴于时间和水平所限，不足之处在所难免。如有不妥之处，恳请业界同仁批评指正。

编者

2022 年 8 月

目录

9 矩形顶管和管幕法通道 131

14 柔性接触网 219

本书是交通分册轨交篇,适用于上海市交通建设领域轨道交通工程建设项目施工质量问题的预控。

本书以现阶段上海市轨道交通建设领域常见的围护结构类型、主体结构类型、配套设施以及常用的施工工艺为分析对象,以可能对工程实体结构安全与后期运营安全产生较大影响的关键性质量问题为主要切入点,以工程建设质量管理责任、技术和工艺原因为主要分析对象,指导各方责任主体管理人员、现场作业人员强化质量意识,提高职业技能,以期上海市轨道交通工程建设参建各方在工程实施前分析预判质量管理的重点、难点,并在实施过程中强化质量管理手段和管控绩效,进而全面提升上海市交通建设领域轨道交通工程建设实体水平。

本书由上海市工程建设质量管理协会、上海市交通建设工程安全质量监督站、上海申通地铁建设集团有限公司主编,由上海市政工程设计研究总院(集团)有限公司、上海市基础工程集团有限公司、上海隧道工程有限公司、上海广联环境岩土工程股份有限公司、中煤隧道工程有限公司、上海勘察设计研究院(集团)有限公司、中铁一局集团有限公司、中铁十五局集团有限公司、中交隧道工程局有限公司、中铁隧道工程局有限公司、中国铁建电气化局集团有限公司等单位(排名不分先后)组织编撰,在此致以衷心的感谢。

2 基本说明

　　根据现阶段上海市轨道交通建设领域所涉及的围护结构、主体结构、配套设施、强弱电系统和监测等各方面各环节,本书内容分为基坑围护结构、基坑地基处理、基坑降排水、基坑开挖与结构回筑、盾构法隧道、冻结法加固施工、矩形顶管和管幕法通道、工程监测、站场与轨道、牵引变电、刚性接触网、柔性接触网、通信系统以及信号系统等共计 14 个主要章节,共提出了 434 个问题,分析了 928 条原因,并针对性地制定了 1 234 项预控措施。

　　本书强调原材料、工艺试验、工序交接复验等各个施工验收与交接环节的检查,层层把关,关关守牢,并将危及结构安全和运营安全的围护结构与主体结构渗漏水、隧道轴线超标等质量问题作为重点分析对象,内容上力争精准聚焦问题和提出预控措施。针对每个具体的施工工艺,或者提出具体的技术参数或工艺指标,或者明确施工工艺技术所对应的相关规范标准,努力使本书成为各责任主体加强现场质量管理的好助手。

　　有关主体结构与柔性网基础的模板、钢筋、混凝土施工以及混凝土养护、成品保护等常规施工工艺中的各种质量问题及其预控管理要求,在不少现有资料中均已全面深入地分析介绍,本书不再赘述。

3.1 地下连续墙

3.1.1 导墙破坏或变形控制

【问题描述】

导墙在施工完成后出现变形或受损情况。

【原因分析】

(1) 导墙的强度及刚度不足。

(2) 导墙内侧未设置支撑。

(3) 导墙上的施工荷载过大。

(4) 导墙墙趾未进入原状土。

【预控措施】

(1) 严格按照图纸要求施工。

(2) 增加导墙深度,加固土体。

(3) 导墙内侧增设支撑。

(4) 减少导墙上方施工,分散施工,增设临时措施,减少集中荷载。

(5) 遇到跨导墙的进出道路,先施工完成此区域的地下连续墙。

3.1.2 槽壁失稳控制

【问题描述】

槽壁在地下连续墙成槽、钢筋笼吊装、混凝土浇筑等施工过程中,槽段内局部坍塌,出现泥浆液位突然下降、出土量增加而不见进尺、成槽设备负荷显著增加等情况。

【原因分析】

(1) 护壁泥浆质量不合格,无法起到护壁作用。

(2) 在砂土或粉土层中成槽措施不当。

(3) 槽段分幅不合理,分幅过长。

(4) 槽内泥浆液面过低,低于地下水位。

(5) 下钢筋笼、浇筑混凝土间隔时间过长。

(6) 槽段位置有深埋废弃管道或地下建(构)筑物。

(7) 成槽后泥浆置换不到位。

【预控措施】

(1) 根据地质情况选择更合适的泥浆配合比。

(2) 在砂土或粉土层中控制成槽速度，或进行槽壁加固。

(3) 施工前根据设备能力，合理优化分幅。

(4) 施工中及时补浆，控制槽内泥浆液面高于地下水位 0.5～1 m。

(5) 缩短成槽后至混凝土浇筑完成的施工时间，加快施工进度。

(6) 避免在槽段附近堆放重物和停靠大型机械。

(7) 对施工范围及施工影响范围内的地下障碍物进行清障处理。

(8) 严格按施工要求进行泥浆置换。

3.1.3　槽段垂直度偏差控制

【问题描述】

地下连续墙槽段向一个方向偏斜，垂直度超过规定数值。

【原因分析】

(1) 导墙施工时发生偏差，影响地下连续墙施工。

(2) 成槽设备悬吊装置偏心，抓斗或铣斗未安置水平。

(3) 成槽过程中未按仪表及检测数据进行纠偏。

(4) 进入不同硬度土层时，挖掘速度过快。

(5) 成槽掘削顺序不当，单侧压力过大。

(6) 槽壁加固轴线存在偏差或槽壁加固两侧土体存在强度差异。

【预控措施】

(1) 严格按图施工导墙，确保导墙垂直度。

(2) 成槽设备使用前检查并调校悬吊装置，防止偏心，设备应保持水平，并安设平稳，铣槽机使用定位器。

(3) 施工前对机载纠偏设备进行调试检查，成槽过程中视槽段深度和垂直度要求合理安排测槽，根据测槽数据随挖随纠，及时进行纠偏。

(4) 根据不同地质条件，控制掘进速度，在软硬土层交界处采取低速成槽。

(5) 根据混凝土龄期发展，合理安排地下连续墙施工顺序及时间控制。

(6) 提高槽段超声波垂直度检测频率。

(7) 严格控制槽壁加固垂直度以及槽壁加固两侧土体的强度及深度。

3.1.4　钢筋笼下放困难控制

【问题描述】

钢筋笼难以放入槽段内。

【原因分析】

(1) 槽壁凹凸、变形过大,或垂直度达不到要求。

(2) 槽段成槽完成后发生塌方,造成槽段深度变小。

(3) 钢筋笼宽度尺寸不准确,笼宽大于槽孔宽而无法安放。

(4) 钢筋笼吊放时产生弯曲变形而无法入槽。

(5) 分段钢筋笼因上下两段驳接不直而无法入槽。

(6) 槽壁缩径。

【预控措施】

(1) 控制沿槽段及垂直于槽段两个方向上的偏差均满足要求,垂直度不满足要求的须修正后方可进入下道工序。

(2) 成槽结束后,及时下放钢筋笼,避免长时间静置槽段。

(3) 钢筋笼宽度应相对于槽段宽度适当收缩,使钢筋笼与两端有空隙。

(4) 封口幅槽段钢筋笼的制作尺寸应以现场实测宽度为准。

(5) 需要对接的钢筋笼宜使用同胎制作,一次成型后再行拆分。

(6) 吊放钢筋笼时要保持垂直,上下两段钢筋笼保持垂直进行对接。

(7) 成槽后及吊装前,须对墙槽进行超声波检测,确认无坍塌、缩径问题。

3.1.5　钢筋笼上浮控制

【问题描述】

钢筋笼吊入槽段或浇筑混凝土时发生上浮,其位置高于设计位置。

【原因分析】

(1) 槽底沉渣过多。

(2) 混凝土浇筑速度过快。

(3) 导管埋深过大。

(4) 泥浆比重过大。

【预控措施】

(1) 成槽后及时进行清孔换浆。

(2) 控制混凝土浇筑速度,避免过快或过慢。

(3) 可在导墙上设置锚固点,通过焊接固定钢筋笼。

(4) 灌注混凝土时,导管的埋置深度宜控制在 $2\sim4$ m。

3.1.6　钢筋笼预埋件质量控制

【问题描述】

钢筋笼在制作及吊装中出现预埋件偏差、失效的现象。

【原因分析】

(1)放置预埋件时,定位失准或固定不牢。

(2)下放钢筋笼时,槽壁碰撞钢筋笼损坏预埋件。

(3)下放钢筋笼时,笼体倾斜。

(4)钢筋笼吊装变形过大,导致焊点脱落。

【预控措施】

(1)加工钢筋笼时,根据标高控制预埋件位置,吊筋长度根据地面实测标高进行调整,预埋件与钢筋笼进行可靠焊接。

(2)成槽时注意成槽垂直度;下放钢筋笼时缓提轻放,避免与槽段碰擦。

(3)下放钢筋笼时,保持垂直,下放过程中及时调平,随时监测笼体姿态。

(4)合理布置钢筋笼纵横向桁架筋,提高钢筋笼整体刚度。

3.1.7　墙体露筋控制

【问题描述】

地下连续墙施工过程中,控制措施不到位,出现露筋现象,外露钢筋容易发生锈蚀。

【原因分析】

(1)槽段垂直度不足,局部有凹凸。

(2)吊放过程中槽壁发生缩径。

(3)钢筋笼起吊时发生变形。

(4)保护层不足,或保护层垫块布置太少。

(5)槽壁不稳定,槽底沉渣过多。

(6)泥浆比重较大,槽壁附着泥皮较厚。

【预控措施】

(1)严格控制成槽垂直度。

(2)成槽结束后,及时吊放钢筋笼,做好各工序衔接,减少槽段暴露时间。

(3)吊放过程中缓提轻放,不得强行冲放。

(4)按设计及规范要求放置保护层垫块。

(5)在浇筑混凝土前,要对槽内的浆液进行实测直至达到设计指标,对沉渣厚度进行实测直至达到设计指标。

(6)连续浇筑混凝土,均匀拔管。

3.1.8　钢筋笼吊装就位质量控制

【问题描述】

钢筋笼在起吊过程中发生过大的扭转、弯曲变形或散架。

【原因分析】

(1)纵向和横向桁架钢筋未设置或设置薄弱、刚度不足。

(2)吊点设置不合理,吊点数量不足,主吊和副吊之间的距离过大。

(3)吊装作业配合不当。

(4)桁架钢筋、桁架与分布筋焊接不牢固。

(5)吊车配置不满足吊装要求。

【预控措施】

(1)架设桁架钢筋,保证制作刚度,纵横桁架之间进行可靠的焊接连接。

(2)合理布置吊点,施工前进行验算,钢筋笼重量较大时,吊点处使用钢板加固。

(3)安排有经验的起重指挥人员,双机抬吊。

(4)加强焊接质量,所有吊点及主要受力钢筋必须直接与桁架筋可靠焊接。

(5)施工前,配置安全系数足够的起重设备及吊索具。

3.1.9 水下混凝土灌注质量控制

【问题描述】

水下混凝土灌注过程中,无法继续进行灌注。返浆不顺畅,甚至不返浆。

【原因分析】

(1)导管变形或冲洗不干净造成导管内壁有混凝土凝结,使得隔水栓未能冲出导管底口而造成返浆失败。

(2)槽孔内沉渣过厚造成返浆失败。

(3)导管密封不符合要求,导管进泥浆造成混凝土离析。

(4)混凝土和易性、流动性差,粗骨料粒径过大,造成离析。

(5)混凝土浇筑不连续。

(6)导管口离槽底距离过小或插入槽底泥砂中。

【预控措施】

(1)导管使用前必须进行试拼装以及水密性试验,试水压力视深度调整,以避免导管进水。

(2)导管安装前应进行检查,不使用内壁不干净的导管。

(3)清孔及安放钢筋笼后,及时检测沉渣厚度,确定其满足设计与规范要求后再浇筑混凝土。

(4)安装导管时,及时检查并更换密封圈,保证导管的密封性。

(5)浇筑混凝土时,控制浇灌速度及导管埋置深度,并确保混凝土浇筑的连续性。

(6)加强混凝土原材料进场检查,不使用粒径过大、和易性不好的混凝土。

（7）如遇突发情况无法继续灌注，在二次开灌前，重新测量混凝土面标高，记录断浇位置，确保导管埋深正常，并重新放入隔水栓。后续应与设计人员协商进行该幅墙的补强或处理。

3.1.10　混凝土绕流控制

【问题描述】

地下连续墙浇筑槽段混凝土时，流动的混凝土有时会在重力及侧向压力的共同作用下，绕过封头钢板或接头箱、接头管侧向缝，流入相邻的槽段（尚未开槽或已成槽的槽段）。

【原因分析】

（1）槽壁垂直度不满足要求，槽壁挖掘有弯曲，刚性的接头箱和弯曲的槽壁之间形成缝隙，锁口管、接头箱吊放时需要多次上下才就位，锁口管、接头箱吊入槽内摆正后与槽壁有空隙。

（2）钢筋笼吊放困难，碰落槽壁土体。

（3）接头箱底部回填物填充不密实，接头长度不够，回填物散装回填进入相邻槽段里。

【预控措施】

（1）确保接头处成槽垂直度，保证锁口管、接头箱摆放垂直且靠壁无空隙，防止混凝土绕流。

（2）钢筋笼的加工尺寸与形状应考虑吊入时的施工方便，防止吊放钢筋笼时擦伤槽壁。

（3）成槽的侧面端头位置控制要准确，侧面成槽避免产生凹凸，接头箱底部回填物装袋，避免散装回填。保证接头箱插入槽段有足够长度。

3.1.11　墙体夹泥、冷缝控制

【问题描述】

混凝土浇筑完成后，地下连续墙中夹杂土块，产生渗漏点、冷缝。

【原因分析】

（1）清基未彻底完成，沉渣过多。

（2）混凝土浇筑时发生土体坍塌。

（3）浇筑管未均匀分布，部分角落被泥渣填充。

（4）初灌混凝土浇筑量不够，导致混凝土与泥浆混合。

（5）混凝土浇筑时间过长。

（6）钢筋笼入槽时，磕碰槽壁导致泥块挂在钢筋笼上。

(7) 导管埋置深度不足或拔出混凝土液面。

【预控措施】

(1) 清基要彻底,沉渣厚度应符合规范要求。

(2) 严格控制槽壁施工质量,尤其是护壁泥浆配合比,防止发生土体塌落。

(3) 槽宽超过 3 m 时,必须设置 2 个导管仓同时浇筑,混凝土浇筑过程中加强控制两边浇筑面高度差。

(4) 初灌量满足规范要求,压水球设置到位,初灌必须保证混凝土面埋没导管。

(5) 加快施工进度,缩短混凝土浇筑时间。

(6) 浇筑过程中,导管埋置深度控制在 2～6 m。

3.1.12　槽段接缝渗漏控制

【问题描述】

地下连续墙的槽段因接缝夹泥、夹砂而导致渗漏。

【原因分析】

(1) 刷壁未刷干净,造成接头夹泥。

(2) 接口装置向钢筋笼一侧倾斜,导致无法有效地刷壁。

(3) 在混凝土浇灌过程中夹泥引发渗漏。

(4) 铣槽偏差造成一期槽与二期槽之间劈叉。

(5) 墙体之间产生不均匀沉降,引发墙缝在纵向上的错位。

(6) 止水带接头断裂、泥皮附着。

【预控措施】

(1) 施工时采用刷壁器上下刷槽壁接头,直至刷壁器提出槽段后其上无泥,且刷壁次数不少于 20 次。

(2) 防止浇筑混凝土时,槽壁坍方。钢筋笼下放到位后,附近不得有大型机械行走,避免引起槽壁土体震动。

(3) 重视混凝土材料质量控制以及混凝土浇筑过程中质量控制,减少夹泥现象产生。

(4) 严格控制混凝土浇筑前的泥浆指标参数,不达标应予换浆。

(5) 二期槽铣成槽过程中,引入相邻墙体垂直度参数,确保将一期墙体保护层铣到位。

(6) 对每一幅地下连续墙及时进行墙趾注浆。平均每幅地下连续墙注浆 4 m³ 以上。

(7) 止水带安装长度适当短于墙体长度 3～5 m,并在钢筋笼下放完成后再吊出接头箱,安装止水带,减少止水带在泥浆中的暴露时间。

3.1.13　接头箱、锁口管起拔过程控制

【问题描述】

接头箱、锁口管拔出困难或者拔断。

【原因分析】

(1) 拔管时间太晚,导致混凝土已经终凝,摩阻力过大。

(2) 锁口管本身存在弯曲,下放安装时未保持垂直。

(3) 接头箱、锁口管本身有质量缺陷。

【预控措施】

(1) 根据掌控的混凝土初凝时间,初凝后每过 15～20 min 顶升一段锁口管管节。

(2) 严格控制起拔流程,下放安装时必须保持垂直放入,起拔时使用液压顶升装置。

(3) 接头箱、锁口管要加强进场检查,不使用有缺陷的材料。当对焊缝质量有怀疑时,应采用超声波探伤检查。

(4) 加强锁口管连接质量控制,连接件应符合施工要求的强度和刚度。

(5) 可增加接头箱侧向千斤顶,辅助接头箱顶拔。

(6) 接头箱背侧回填砂石,阻止混凝土溢出绕流。

3.1.14　二期铣槽槽段(铣槽地墙)端头垂直度控制

【问题描述】

二期槽段和一期槽段接缝处铣削混凝土面存在夹泥等情况,导致二期槽段垂直度产生偏差。

【原因分析】

(1) 一期槽段垂直度偏差过大。

(2) 二期槽段两侧的一期槽段混凝土龄期差导致强度差过大,造成二期槽段成槽时向强度较小侧偏斜。

【预控措施】

(1) 严格控制一期槽段垂直度。

(2) 一期槽段施工时,留置足够的同条件试块以研判各槽段浇筑混凝土的强度发展过程,尽可能控制二期槽段两侧的一期槽段强度差不超过 10 MPa。若无条件,也可通过施工间隔 3～7 d 来控制。

(3) 安装专用刮刀,配合钢丝刷清洁混凝土壁面。

(4) 严格控制二期槽段铣槽的进尺速度。

3.1.15　槽段沉渣控制

【问题描述】

槽段清孔后,积存沉渣超过规范允许厚度,影响墙的垂直荷载能力和墙底隔水性。

【原因分析】

(1)遇杂填土,软塑淤泥质土,松散砂、砾夹层等松软土层,易坍落形成沉渣。

(2)成槽后,孔底沉渣未清理干净。

(3)槽孔口未保护好,上部行人、运输时,槽口被扰动,虚土掉入孔内。

(4)吊放钢筋笼和混凝土浇灌导管时,槽口土或槽壁土被碰撞,掉入槽孔内。

(5)成孔后未及时吊放钢筋笼和浇筑混凝土,导致槽孔被雨水冲刷或泥浆沉淀、槽壁剥落沉淀,使沉渣加厚。

【预控措施】

(1)遇杂填土及各种松软土层,成孔后应加强清淤工作。除在成孔后清淤外,钢筋笼下放后,浇筑混凝土前还应再测定一次槽底沉积和沉淀物。如不合格,应再清渣一次,使沉渣厚度控制在规范允许的 100 mm 以内,以槽底 100 mm 处的泥浆比重不大于 1.2 t/m³ 为合格。

(2)保护好槽孔。吊钢筋笼、浇筑混凝土等作业时,应防止扰动槽口土和碰撞槽壁土掉入槽孔内。

(3)清槽后,尽可能缩短吊放钢筋笼和浇筑混凝土的间隔时间,防止槽壁受各种因素剥落、掉泥而造成沉积。

3.2　钻孔灌注桩及高压旋喷止水帷幕

3.2.1　钻孔灌注桩成孔质量控制

【问题描述】

钻孔灌注桩成孔完成后,实际成孔桩位较设计桩位产生偏差。成孔垂直度达不到设计要求,出现偏斜。

【原因分析】

(1)开孔前,未对钻机钻盘(平台)的水平度、转杆的垂直度进行复核(钻机上未配备水平靠尺等检测工具)。

(2)开钻前,未对钻杆进行检查复核,存在钻杆弯曲变形、钻头磨损严重等钻具质量问题。

(3)开钻前,钻头与测放桩位未进行复核。

(4)钻进过程中,未及时检查校正,钻进速度过快。

（5）钻进遇见坚硬土层时,未采取有效措施,强行钻进。

【预控措施】

（1）钻机进场前,进行验收,确保钻头、钻杆等钻具无弯曲等质量问题。

（2）每台桩机上必须配置水平靠尺等检测工具。桩机就位后,对开孔单上的技术参数逐条复核验收,合格后方可开钻。

（3）钻机根据测放桩位就位后,调节机架至垂直,进行验收。

（4）调节机架至垂直后,安装钻具,微调机架,至钻头自然垂直且与测放桩位点重合。

（5）在成孔钻进过程中定时检查和校正。对已偏斜的钻孔,控制钻速,慢速提升,下降往复扫孔纠偏。

（6）在坚硬土层中不强行加压,应吊住钻杆,控制钻进速度,低速进尺。

（7）施工前,对场地内可能存在的障碍物进行排摸、清理、处置干净,必要时可做物探等。

（8）选择先进的、符合工程现场实际施工条件的施工设备,减少问题发生。

3.2.2　钻孔灌注桩桩径偏差控制

【问题描述】

钻孔灌注桩施工过程中,因塌孔或缩径等问题引起桩径与设计桩径出现偏差。

【原因分析】

（1）地下障碍物未清理干净,导致钻进过程受到影响或大块障碍物掉落。

（2）钻具直径不符合桩径要求。

（3）成孔钻进护壁泥浆指标达不到要求。

（4）在不同土层钻进时,未能较好地控制钻进速度。

【预控措施】

（1）处理地下障碍物时,一定要清除残留的混凝土块。

（2）选用带保径装置的钻头,钻头直径应满足成孔直径要求,并应经常检查,及时修复。

（3）根据不同地层,控制使用好泥浆指标。

（4）在回填土、松软层及流砂层钻进时,严格控制钻进速度。地下水位过高时,应升高护筒,加大水头。

（5）孔壁坍塌严重时,应探明坍塌位置,用砂和黏土混合回填至坍塌孔段以上1～2 m处,捣实后重新钻进。

（6）在易缩径孔段钻进时,可适当提高泥浆的黏度。对易缩径部位也可采用上下反复扫孔的方法来扩大孔径。

3.2.3 钢筋笼标高控制

【问题描述】

钢筋笼安放完成后，与设计标高不符。

【原因分析】

(1) 钢筋笼加工完成后，成品保护不到位导致钢筋笼扭曲变形。

(2) 钢筋笼吊放过程中出现偏斜。

(3) 钢筋笼吊筋长度控制不到位。

(4) 吊放钢筋笼前未测量孔深。

【预控措施】

(1) 钢筋笼加工完成后做好成品保护，防止钢筋笼扭曲变形。

(2) 钢筋笼吊放过程中保证垂直度，及时调整。

(3) 根据设计标高和现场地坪标高，准确计算吊筋长度。

(4) 钢筋笼吊放前测量孔深及沉渣厚度，满足设计要求后方可吊放。

3.2.4 钢筋笼上浮控制

【问题描述】

钢筋笼吊入桩孔或浇筑混凝土时发生上浮，其位置高于设计位置。

【原因分析】

(1) 孔底沉渣过多。

(2) 混凝土浇筑速度过快导致钢筋笼上浮。

(3) 导管提升过快。

【预控措施】

(1) 钻孔后及时进行清孔换浆。

(2) 控制混凝土浇筑速度，避免过快。

(3) 灌注混凝土时，导管埋深宜控制在 2～4 m。

3.2.5 导管起拔过程控制

【问题描述】

钻孔灌注桩混凝土浇筑过程中，发生导管拔不出或拔断的情况。

【原因分析】

(1) 浇筑过程中未计算浇筑量，导致导管埋入过深、摩阻力过大，难以拔出。

(2) 混凝土供应中断，等待时间过长且未上下活动导管。

(3) 导管大小与桩径不匹配，导管勾住钢筋笼。

(4) 导管安装位置未居中，导管勾住钢筋笼。

【预控措施】

(1)浇筑前精确计算混凝土浇灌量与导管埋深关系,按导管埋深 2～4 m 控制;导管埋深达到可以拆卸一节导管的条件时,须及时提升并拆卸导管。

(2)浇筑时应确保混凝土供应连续,如出现断料等其他情况,须不时上下活动导管,严防混凝土凝结卡管。

(3)选择与桩径匹配的导管。

(4)严格控制导管安装位置。

3.2.6　钻孔灌注桩混凝土连续性控制

【问题描述】

桩体混凝土不连续,中间被疏松体及泥土填充形成断桩。

【原因分析】

(1)导管密封不良致使泥浆进入混凝土,桩身中段形成混凝土不凝体。

(2)浇筑混凝土时,导管拔空,造成夹渣,导致断桩。

(3)由于机械故障、停电、待料等,中断浇筑时间过长,导致混凝土桩上下分开形成断桩。

(4)混凝土离析、坍落度不符合设计要求,混凝土质量不均匀、流动性差等原因,导致卡管、混凝土表面高度无法下降,造成断桩。

【预控措施】

(1)灌注混凝土前必须对灌注导管进行气密性试验,满足要求方能使用。

(2)混凝土浇筑过程中,必须严格按照规程用测绳测量孔内混凝土表面高度并认真核对,保证导管埋深 2～4 m。

(3)按期检查、保养施工设施,确保设施完好。提前做好混凝土供应计划,确保混凝土连续供应。

(4)严格按要求配制混凝土,不允许有超径的集料和异物混入其中。现场检查,确保混凝土具有较好的和易性、流动性和黏聚性,按要求检测混凝土坍落度。存在离析、坍落度不符合要求等情况的混凝土不允许进行浇筑。

3.2.7　高压旋喷桩断桩控制

【问题描述】

高压旋喷桩施工过程中,注浆管未能一次提升完成,两次或多次提升时喷浆不连续,出现断裂情况。

【原因分析】

(1)前期清障不彻底,导致喷浆管喷浆提升过程中卡钻。

(2) 注浆过程中,注浆压力陡增、流量为零,出现喷钻堵塞。

(3) 其他原因导致喷浆暂停,重新喷浆时未能有效搭接。

(4) 水泥浆液配制用量计算有误。

【预控措施】

(1) 前期进行场地障碍物清理,确保清理彻底。

(2) 施工前,对注浆管与注浆泵检查并清洗,确保无杂物。

(3) 加强水泥质量控制,严禁使用过期结块水泥。

(4) 其他原因导致喷浆暂停,重新喷浆时,需确保搭接长度至少为 0.1 m。

(5) 严格按照设计配比进行水泥浆液配制,并试验验证其符合要求。

3.2.8 高压旋喷桩防渗漏控制

【问题描述】

采用高压旋喷桩封闭的结构出现渗漏水情况。

【原因分析】

(1) 高压旋喷桩施工时,桩位偏差较大、钻孔垂直度较差或成桩桩体直径不均匀,导致桩体间间隙较大。

(2) 正式施工前,喷射方法和喷射参数没有根据现场地质条件进行选择和调整。

(3) 在喷射注浆过程中,注浆管提升速度和回转速度与喷射注浆量没有形成配合,造成高压旋喷桩直径大小及固结体强度不均匀。

【预控措施】

(1) 桩机就位后,检查验收桩机垂直度,复核桩位;钻进过程中及时检查校正。

(2) 必须确保喷浆压力和时间,使桩径达到设计要求,严格控制桩体之间的搭接。

(3) 严格控制桩体间距。施工前,对每根桩进行桩位测量复核。

(4) 在正式施工前,根据设计要求和现场地质条件进行试喷试验,选择合理的施工方法及参数。

(5) 在施工过程中,应注意检查注浆量、压力、回转速度与提升速度等参数是否符合设计要求。如发现异常,应及时调整,使形成的桩体连续均匀。

3.2.9 不同围护结构交头部位渗漏控制

【问题描述】

采用不同围护形式时,不同围护结构的接头部位出现渗漏水情况。

【原因分析】

因围护形式不同,不同围护结构接头部位容易出现施工质量薄弱区;止水帷幕工艺选用不当、止水帷幕失效等原因容易导致渗漏水。

【预控措施】

(1) 不同围护形式接头部位可根据土层特质、开挖深度等，选用合理的止水帷幕进行外侧止水。

(2) 基坑围护结构设计尽可能减少围护结构形式的种类。

(3) 采用不同结构形式的围护结构，应加强不同围护结构接头部位的施工质量监管。

(4) 根据不同围护形式的特性，合理安排相邻施工的先后顺序。

3.3　型钢水泥土围护墙(SMW 三轴)

3.3.1　垂直度控制

【问题描述】

围护墙成桩后，竖向垂直度偏差大，相邻型钢不在同一平面，钢支撑围檩与型钢间隙大。

【原因分析】

(1) 搅拌桩成桩垂直度偏差大，型钢沿搅拌桩成桩轨迹插入形成偏斜。

(2) 型钢插入的垂直度控制精度低。

(3) 型钢对接不顺直。

【预控措施】

(1) 施工前确保地基结实可靠；施工过程中钻杆不发生偏斜，从正向、侧向两个方向控制搅拌桩钻杆垂直度，并进行跟踪测量。

(2) 型钢插入设置导梁，控制平面插入位置，型钢插入过程中用经纬仪跟踪观测垂直度，动态调整。

(3) 型钢使用前测量验收顺直度，弯曲的型钢不投入使用。

(4) 型钢加工在加工台上进行，加工平台结实稳固，标高平整、无高差，焊接后两段型钢平顺、无错台。

3.3.2　相邻桩(墙)之间施工冷缝控制

【问题描述】

相邻桩(墙)之间产生施工冷缝。

【原因分析】

(1) 相邻桩(墙)的施工时间间隔过长，超时后压浆不充分。

(2) 因故中断后施工不连续。

(3)单根桩中断后,恢复压浆前未提升或下沉以重新搅拌。

【预控措施】

(1)精准控制相邻桩(墙)施工时间间隔;当超出间隔时间后,减慢下沉与提升速度,增加注浆量。

(2)施工前确保设备完好率及水、电、浆液供应,防止施工中断。

(3)恢复压浆前,将深层搅拌机提升或下沉后再注浆搅拌施工,以保证搅拌桩的连续性。

3.3.3　型钢防拔断控制

【问题描述】

三轴型钢在拔除过程中发生断裂。

【原因分析】

(1)减磨剂涂刷均匀程度、厚度、贴合度不够。

(2)型钢插入过程中垂直精度差。

(3)内衬结构施工时与型钢的隔离措施不到位。

(4)型钢的对接焊缝存在质量问题。

(5)顶拔千斤顶受力不均,速度控制较差。

(6)型钢焊接接头过多。

【预控措施】

(1)插入型钢前,清除 H 型钢表面的污垢及铁锈,按要求涂刷减磨剂。

(2)控制型钢插入的垂直度。

(3)内衬结构施工时,在型钢上贴隔离泡沫塑料。

(4)型钢焊接应符合规范要求。同时对老焊缝进行超声波检测,控制每根型钢的焊接接头数量。

(5)拔除型钢时应缓慢,确保千斤顶、型钢受力均匀,避免型钢损坏。

(6)单根型钢中焊接接头不宜超过 2 个,焊接接头应避免设在支撑位置或开挖面附近等型钢受力较大处。

3.3.4　围护墙渗漏水控制

【问题描述】

围护墙体出现渗漏水。

【原因分析】

(1)相邻桩体之间产生施工冷缝。

(2)桩体水泥含量不达标,分布不均匀。

（3）桩体出现断桩、开叉。

【预控措施】

（1）尽可能减少冷缝,出现冷缝后应对冷缝部位进行高压旋喷补强。

（2）施工前根据设计水泥掺量做好试桩,确定施工参数;施工过程中控制水泥原材料及浆液的质量以及下沉、提升的速度。

（3）控制型钢插入的垂直度,并针对断桩、开叉部位采用旋喷桩止水封闭。

4 基坑地基处理

4.1 特殊水泥土搅拌法

4.1.1 土层断层或障碍物导致 TRD 链条断裂故障控制

【问题描述】

TRD 止水帷幕切削过程中发生切割箱链条断裂或脱轨。

【原因分析】

(1) 设备的维修保养不充分,钻具磨耗大。

(2) 切削土体过程中遇未清理的石块,导致被动轮处脱轨。

(3) 挖掘刀具选用不合理。

【预控措施】

(1) 对设备及时进行检修保养,及时更换钻具。

(2) 切削搅拌墙前,清理沟槽中的石块,切削中保证无土石块掉落至搅拌墙内。

(3) 根据对应土质选用合适的挖掘刀具。

4.1.2 砂层土体抗渗性能控制

【问题描述】

第⑦层粉细砂层渗透系数大,止水帷幕的整体隔水性能低,导致基坑渗漏水。

【原因分析】

(1) 未对砂层土地质进行针对性排摸。

(2) 未调整优化浆液的配合比。

【预控措施】

(1) 统计梳理砂层土的分布情况、深度和厚度。

(2) 适当提高膨润土和水泥掺量。

4.2 超高压喷射注浆地基加固(MJS/RJP/N-JET)

4.2.1 注浆管防抱杆控制

【问题描述】

进行超高压喷射注浆工艺施工时,未充分理解工艺特点,导致施工过程中注浆管抱杆。

【原因分析】

(1) 地质条件不良,存在大厚度砂性土层。喷浆过程中,被扰动的砂性土层局部坍塌,导致埋钻。

(2) 预成孔垂直度不足,强制下杆,主机扭矩异常。

(3) 地内压力偏低,无法维持孔壁稳定,导致土层坍塌埋钻。

(4) 坍孔后,主机出现扭矩增大、提升困难等情况时,现场人员未及时发现并合理处置。

(5) 喷浆过程中,停机时间过长,浆液初凝导致抱钻。

【预控措施】

(1) 事先根据地质条件,采取适用的防控措施,如采用护筒等。

(2) 喷浆开始前,可先采用发酵后的膨润土浆进行砂性土层地质改良,或者采用带有添加剂的水泥浆进行喷浆,对砂性土层起到一定的悬浮作用。

(3) 选择合适的成孔设备及工艺,并进行抽检,保证成孔垂直度。

(4) 出现主机扭矩增大、提升困难等情况时,应及时排查原因并排除故障。

(5) MJS工法具有主动排浆功能,应加强地内压力管控,适当提高地内压力控制系数,控制孔口液面,保持孔壁压力稳定。

4.2.2　注浆管防断杆控制

【问题描述】

超高压喷射注浆施工过程中出现注浆管断杆情况,造成断桩或原孔位出现障碍物,须移位重新成桩。

【原因分析】

(1) 预成孔垂直度不满足设计要求,较大扭矩情况下强行下杆施工。

(2) 钻杆长时间缺乏保养,螺栓或其他连接处出现质量缺陷。

(3) 施工中扭矩过大,但未及时妥善处置。

(4) 抱杆后盲目拔拉钻杆。

【预控措施】

(1) 选择合适的成孔设备及工艺,并进行抽检,保证成孔垂直度。

(2) 定期做好保养,定期检查及更新,施工前需对钻杆、螺栓进行检查。

(3) 喷浆过程中若扭矩增大,须及时妥善处置。

(4) 注浆管抱杆后,不得使用吊装设备直接盲目上拔,可使用大于注浆管直径的全套管钻机将注浆管整体套入套管内,再进行上拔操作。

4.2.3 MJS工法施工的地表稳定控制

【问题描述】

MJS工法施工过程中,不合适的地内压力系数或未能对地内压力合理、有效、及时地调整,将造成地面隆起或塌陷(图4-1),影响周边环境,带来安全风险。

图4-1 MJS工法施工造成地面隆起或塌陷

【原因分析】

(1)地内压力系数设置过高或施工时地内压力过高,造成周边构筑物隆起;地内压力系数设置过低或施工时地内压力过低,造成周边地面沉降。

(2)施工人员未及时根据地内压力的变化情况妥善处置。

(3)地内压力监测控制装置损坏失效(图4-2)。

【预控措施】

(1)针对工程实际情况设置合理的地内压力系数。黏性土层地内压力系数建议取1.2~1.6,砂性土地内压力系数建议取1.4~1.8。地内压力超过控制范围时,应及时采取措施,如过低,可减小排泥门大小、降低回流水流量等;如过大,可以进行清水切削等。

(2)施工期间需保证排泥系统的通畅,按照地内压力的变化情况,实时调整排泥门开合情况及倒吸水和倒吸气的压力、流量大小。

(3)每次下杆前要进行地内压力感应系统

图4-2 监测控制装置损坏失效

测试,保证其灵敏度,且能反映地内压力变化。

(4)在明显位置设置施工参数公示牌,供施工人员及时参考、检查。

(5)控制喷浆距离地面的深度。

4.2.4 成桩直径控制

【问题描述】

成桩直径无法达到设计要求。

【原因分析】

(1)施工注浆压力、流量及空气压力达不到设计要求。

(2)提升速度未按设计要求设置。

(3)空气流量过小。

(4)设计桩径与地质条件、工艺特点不符。

(5)钻杆喷浆嘴型号与成桩直径不匹配。

(6)施工参数未及时调整。

【预控措施】

(1)按照设计要求控制施工参数,施工期间做好相关原始记录,及时检查控制。

(2)提升速度应满足设计要求。

(3)应安装空气流量计,并定期进行检查,保证空气流量不低于设计要求。

(4)桩径设计时应充分理解工艺特点,并进行试桩,要考虑地质条件因素(黏性土的黏聚力系数、砂性土的标贯系数、动水条件)、深度影响因素(返浆不畅导致地内压力增大对桩径的影响)等,保证设计桩径的合理性。

(5)选用与成桩直径相匹配的喷浆嘴。

(6)选取部分桩提前进行取芯(一般在成桩后7 d左右),验证成桩直径是否达到设计要求。

(7)在成桩施工过程中,应根据不同的土层、土质,对施工参数进行调整和优化,避免在砂性土中因喷浆压力及空压过大导致浆液流窜,从而造成桩径过大但强度无法满足要求。

4.2.5 成桩垂直度控制

【问题描述】

由于成桩垂直度达不到设计要求,造成止水帷幕深层地段搭接失效,导致开挖阶段发生渗漏水。

【原因分析】

设备及成孔工艺选择不合理,预成孔施工钻进速度过快。

【预控措施】

应选择合适的设备及成孔工艺,保证预成孔垂直度,且应保持适宜的钻进速度。

4.2.6　芯样质量控制

【问题描述】

按照施工规范规定,超高压喷射注浆施工完毕 28 d 后进行取芯验证,芯样出现强度不满足设计要求、破碎、不完整等情况(图 4-3)。

【原因分析】

(1)水泥材料品质不达标,导致施工后桩体强度不足。

(2)施工设备未及时检修保养,各项施工参数控制不准。

(3)未根据工程实际情况合理调整施工工艺和施工参数。

【预控措施】

(1)做好原材料质量检测,并对施工中的浆液质量情况做好检查。

(2)施工前对各设备进行试运行,保证施工期间各设备运行状况良好,各监测设备显示正常、准确,并进行严格监控。

(3)施工前需根据地质条件等有针对性地制定各项施工措施,必要时,还需对施工参数进行调整。

(4)采用与采样深度适合的采样设备。

较好的施工桩位芯样见图 4-4。

图 4-3　芯样强度不足、破碎　　　　　图 4-4　较好的施工桩位芯样

5 基坑降排水

5.1 基坑突涌、流砂问题控制

5.1.1 地下水勘察资料质量控制

【问题描述】

进行地下水勘察时,对地质条件揭示不明、缺乏针对性的专项水文地质勘察资料等原因将导致降水控制措施不合理,降水分析计算结果失真,最终导致基坑突涌、流砂。

【原因分析】

1. 工程地质勘察资料不准确

(1)承压含水层划分不当。忽视局部区域零散分布的砂性地层,对其承压性的判别不够充分;静力触探孔发生偏斜,导致承压含水层顶划分深度偏大,影响后续承压水位降深需求计算。

(2)地层突变区土层揭示不足。地层突变区勘察孔间距过大或偏离研究区过远,其地层变化分界面往往由勘察技术人员根据经验推测,其结果常与工程实际地层分布情况不符。

(3)承压含水层垂向揭示不足。工程勘察技术人员仅从基坑稳定性的角度确定勘察控制孔的垂向深度,造成对目的承压含水层垂向深度及下卧土层特性揭示不足,导致降水分析计算模型失真,严重影响降水计算结果的可靠性。

2. 专项水文地质勘察资料缺乏

(1)水文地质参数精度不足。室内土样试验所反映的水文地质参数较现场实际情况相比往往偏小,导致整个降水计算失真,严重影响降水设计的合理性。

(2)初始承压水位未探明。勘察阶段对承压含水层测量失误,或未考虑承压含水层的动态变化规律及周边降水活动对其影响,造成对承压含水层初始水位的判定失误,导致基坑抗突涌稳定性验算错误。

(3)各含水层间水力联系评价不足。对各含水层间水力联系的强弱判别不明,造成降水设计思路不合理,对降水引起的沉降预估不准,进而影响基坑本体及周边环境的安全。

【预控措施】

1. 工程地质勘察

(1)复核承压含水层的划分。应结合工程特点,对影响基坑安全的承压含水层作出准确判断,除勘察报告明确指出的承压含水层外,基坑投影范围内存在的砂性透镜体、上下渗透性较弱两土层间分布的砂性地层等,均宜按潜在承压含水层考虑,必要时可根据现场抽水试验确认。

(2)地层不明区需加密勘探孔或进行针对性补勘。补勘应以原位试验为主,土样检测为辅;原位试验以双桥孔压静力触探为宜。

(3)勘察孔的布置宜满足水文地质概念模型的要求。控制孔宜穿透地下水控制影响深度内的目的承压含水层,进入其下伏地层深度不小于 5 m。地下水控制目的含水层的上覆或下伏弱透水层,应取样进行土工试验,提供压缩指数、回弹指数和固结系数。

2. 专项水文地质勘察

(1)当水文地质条件复杂时,在基坑开挖过程中需要对地下水进行控制,且当已有资料不能满足要求时,应进行专项水文地质勘察,尤其是对基坑安全等级和环境保护等级均为一级,且需要抽降承压水的深基坑工程而言。

(2)水文地质勘察主要内容须包括:查明地下水类型、埋藏条件与分布范围、初始稳定水文埋深及水位季节变化规律;提供各承压含水层的水文地质参数;分析与评价各含水层间水力联系;采集现场水文地质试验期间地表与土层分层沉降数据,分析其时空分布特征;查明承压水位恢复规律,分析承压水位恢复与土体回弹的时空关系;对于水文地质条件复杂区域、地面沉降易发区域、周边环境复杂区域,应当提出针对性的地下水控制建议及措施。

(3)水文地质勘察过程中若发现土层或水文地质条件与工程勘察报告明显不符,建设单位应当组织原勘察单位进行补充勘察。

5.1.2 降水设计质量控制

【问题描述】

降水井布设不合理造成坑内承压水位高于安全控制水位,最终引发基坑突涌、流砂。

【原因分析】

(1)降水设计缺乏针对性。由于岩土工程的复杂性,降水设计所依赖的基础资料存在一定的局限性,未能全面客观反映水文地质条件,造成降水计算失真,降水设计缺乏针对性,影响降水效果。

(2)未开展专项降水设计和计算分析。工程施工前未针对工程特性开展专项降水设计和分析计算,导致降水工程风险评估不足,降水控制措施不全,引发基坑突涌、流砂。

(3)盲目压缩成本。盲目压缩降水工程成本,造成坑内降水井布设数量不足、井深过小以及备用系数储备不足等,导致群抽状态下坑内承压水位仍无法达到安全控制水位的要求,引发基坑突涌、流砂。

【预控措施】

(1)降水设计专篇或降水专项设计方案应由围护设计单位提出,也可以委托专业降水单位编制。

(2)降水设计前须充分掌握岩土勘察资料、围护结构设计资料及周边环境资料,开展地下水控制预分析,合理制定降水设计方案,达到"安全施工、按需降水、有效控制地面沉降"的目的,并应尽可能采用三维地下水数值模拟计算。

(3)针对复杂性较高的降水工程,降水方案必须通过专家论证。

(4)降水设计主要内容须满足《基坑工程技术标准》(DG/TJ 08—61—2018)第15.4.3条的规定。

(5)减压井配置须留有一定的安全储备,减压备用井应不少于最大开启数量的20%。

(6)降水工程费用应当包含降水工程勘察、设计、施工、监测费用以及为保护周边环境而采取的回灌措施等所需费用;须合理限价,确保安全。

5.1.3 降水施工质量控制

【问题描述】

降水井施工质量差造成坑内有效井点不足,抽水效能降低,导致坑内承压水位高于安全控制水位,最终引发基坑突涌、流砂。

【原因分析】

1. 成孔质量差

(1)成孔垂直度偏差大。成孔过程中易产生缩孔、塌孔现象,垂直度偏差大易造成后期井管安装困难,严重影响井点质量。

(2)成孔深度偏差大。成孔深度小于设计值,将降低井点的出水效能;成孔深度大于设计值,在特定地层下,可能导致隔水层失效,下部含水层直接贯通,影响目的含水层的降水效果。

(3)泥浆指标控制不佳。泥浆比重过小,会造成塌孔;泥浆比重过大,会造成后期洗井困难,导致井点实际出水量小于设计出水量,影响后期降水效果。

2. 成井质量差

(1)材料不合格。井管材料强度不足,开挖中极易损坏;过滤器孔隙度不合格,影响井点进水能力。

(2)滤料回填不到位。滤料与地层粒径不匹配,影响井内渗流速度,甚至造成井点出砂。

（3）止水回填不到位。止水材料选用不当将导致坑内减压井下部承压水沿井壁上涌；而坑外减压井可能产生潜水被抽取，地面沉降更加突出等问题。

（4）洗井不彻底。洗井不彻底将阻碍地下水向井管的渗流速度，严重影响井点的抽水能力，从而影响降水效果。

（5）工序衔接不合理。地基加固与降水井同步施工，或井点施工完毕后再近距离实施旋喷加固，易使含水泥浆的废浆流入孔口或滤料层，导致井点报废。

3. 质量验收工作不到位

（1）跟踪监督力度不足。成井过程中，管理人员未执行旁站监督，未发现各关键工序环节潜在的质量隐患。

（2）试抽工作不及时。成井完毕后未及时组织试抽水，未掌握降水效果，导致正式运行时水位降深不满足需求，引发基坑突涌、流砂。

（3）成井施工记录不全或不实。

【预控措施】

1. 成孔质量控制

（1）施工过程中严格控制成井垂直度，一般要求井点垂直度不大于 1/100；针对井深度大于 80 m 的坑内超深减压井，垂直度宜不大于 1/250。

（2）成孔深度控制要求尽可能按设计深度控制，严禁超深。

（3）在施工组织设计中，须根据不同的地层特性，调制不同比重的泥浆。采用泥浆护壁时，应优先考虑原地层自然造浆；如原地层自然造浆难以保证孔壁稳定，应采用膨润土泥浆。

（4）成孔施工应连续作业，不应无故停钻。成孔完成后，后续工序也应连续，成孔完毕至成井完毕间隔时间不宜大于 24 h。

（5）施工作业前应对作业班组做好安全技术交底工作，明确成井施工的难点与风险。

2. 成井质量控制

（1）应根据降水设计要求，确定井管材质、壁厚等，并进行质量抽检。

（2）滤料材质、粒径级配应满足设计要求。回填时，滤料应沿井管四周均匀连续填入，并全程跟踪测量滤料填入高度。

（3）应选用优质黏土球进行止水封堵，沿井孔均匀缓慢填入。黏土球以上还需回填优质黏土直至孔口。坑内大流量减压井(单井出水量大于 15 m³/h)在黏土球以上宜采用细石混凝土回填或压密注浆至坑底下 1～2 m，再回填黏土至孔口。

（4）针对正循环钻进施工的钢管井，应采用活塞洗井、空气压缩机联合洗井的方式。

（5）成井施工应在围护结构和地基加固完成后进行；若必须同步施工，则作业面间距应大于 50 m。加固区的成井施工宜于加固施工完成 7 d 后进行。

3. 成井质量验收

(1)成井施工管理人员应实施全过程旁站监督。

(2)成井完成后,应立即组织试抽,记录出水量、水位和水位回升速度。

(3)井点验收标准须满足《建筑与市政工程地下水控制技术规范》(JGJ 111—2016)第 5.6 节的规定。

(4)降水正式运行前,应通过单井试验、群井试验确定降水效果,深化降水井设计,检验实际效果与设计要求的偏差。

5.1.4　降水运行质量控制

【问题描述】

电源或排水等环节的故障、人工观测存在局限性以及井点保护不当等原因,导致降水运行不满足控制要求,造成坑内承压水位未能控制在安全水位之下,引发基坑突涌(图 5-1)。

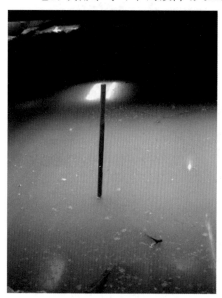

图 5-1　断电致基坑突涌

【原因分析】

(1)电源供电故障。由于突发原因发生断电现象,导致降水工作中断。承压含水层渗透性大、水位恢复快,一旦停止抽水后,承压水位将快速抬升,直接威胁基坑安全。

(2)现场排水能力不足。由于涉及承压含水层的降水,基坑总出水量较大,一旦排水不畅,降水工作将被迫中断,引发险情。

(3)减压降水实际运行不满足安全水位要求。现场降水管理人员未能根据实际挖土工况,及时调整减压井的开启数量与位置,导致坑内承压水位不满足安全水位要求,引发基坑突涌。

(4)人工监测存在局限性。人工监测效率低、速度慢,不能实时掌握降水效果,一旦发生异常情况,易错失最佳补救时机,酿成基坑险情。

(5)减压井保护不当。基坑开挖过程中,减压井易遭到碰撞,造成井管破损漏水、设备故障,导致降水运行中断,坑内承压水位上升,严重威胁基坑安全。

【预控措施】

(1)需连续降水的工程,要配备两路以上独立电源或备用发电机。发电机应具备自启动功能,并配备电源智能切换系统,且其总供电额定功率应大于 1.25 倍的降水运行最大用电功率。正式降水运行前,须定期进行电源切换演练。

(2)工程现场应设置专门的排水系统,其最大排水能力应大于1.25倍的工程降排水最大流量,并定期清理、维护排水系统。

(3)应结合基坑开挖流程、结构回筑情况,编制减压降水运行工况图表,严格控制水位,做到按时、按需降水。

(4)高风险降水工程宜采用水位、流量自动化监测系统和水位自动报警系统以及备用井自启动系统。

(5)减压井须不割管搭设规范的作业平台,井管上设置醒目标识,暴露部分应分段固定,确保稳定性。土方开挖中,施工单位需加强土方单位与降水单位的协调,明确安全管理责任,避免挖机破坏井管。对于坑外井点,应采取妥善的防压措施和封闭措施,防止井点被压坏或污水流入,必要时可铺设暗埋式管路。

降水用电保障控制见图5-2。

5.1.5 封井处置质量控制

【问题描述】

由于减压井提前封闭、封井方法不当等问题,导致底板面原井位处渗水、漏水,甚至发生承压水喷溢,引发基坑突涌、流砂等(图5-3)。

图5-2 降水用电保障控制   图5-3 封井不当导致局部突涌

【原因分析】

(1)封井时机不当。减压井提前封闭,水位快速回升。当上覆土压力小于承压水顶托力时,承压水可能使基坑底面隆起,严重时使土体被顶裂,产生渗水通道,从而发生基坑突涌。

(2)封井方法不当。井点封堵涉及井管内侧和外侧的封堵,未结合工程特性及井点出水能力选择合适的封井方法,易造成封堵质量不满足要求,后期产生基坑渗漏水风险或次生灾害。

【预控措施】

(1)封井前,设计单位需核算地下结构的抗浮稳定性。降水运行终止前,施工总承包单位应在征求设计、监理书面意见后,向降水专业分包发出降水运行终止的书面指令。

(2)当基坑分区施工时,应在先期施工的分区靠近后浇带、施工缝处预留部分降水井,在封堵墙拆除、底板连通后再实施封井。

(3)封井应分步实施并预留应急措施,确保封井过程各分步工序质量检验合格后方可最终隐蔽。

(4)对于基础底板浇筑前已停止降水的管井,浇筑底板前可将井管切割至垫层面附近,井管内采用黏性土或混凝土充填密实,然后采用钢板与井管管口焊接、封闭。

图5-4　导管灌细石混凝土封井质量控制

对于基础底板浇筑后仍需保留并持续降水的管井,应在底板浇筑前将穿越底板段的滤管更换为实管;不具备更换条件的,应在井管外紧套一段钢管,再在处于底板中的管壁外焊接止水钢板。

(5)井管内侧的封堵应根据单井出水能力选择混凝土或压密注浆,针对坑内大流量减压井,尤其是超深管井,宜采用下导管灌注细石混凝土方式封堵(图5-4)。

(6)管理人员须对封井实施全过程监督和验收,填写封井施工旁站记录。封井后,应提交现场实际井位竣工图和封井资料归档。

(7)坑外井点应当在降水终止后同步封闭,防止后续附属结构或相邻基坑施工时发生承压水突涌。

5.1.6　非自然渗流通道防突涌控制

【问题描述】

由于坑内地质钻孔、工程桩壁、减压井壁等薄弱环节封堵不当,基坑开挖过程中下部承压水沿着非自然渗流通道涌入坑内,引发局部基坑突涌、流砂和漏水等(图5-5)。

【原因分析】

(1)地质钻孔、工程桩布设于坑内,且未实施有效封堵。开挖过程中引发窜孔,导致承压水局部突涌,进而引发水土流失。

(2)坑内减压井孔壁封堵失效、井管焊接质量差或管壁存在砂眼等原因造成下部承压水沿着渗流通道上涌,引发井壁外围局部突涌、流砂。

【预控措施】

(1)合理布置勘探孔。当基坑宽度较小时,基坑周边的勘探孔宜尽量设置在围护结构外侧以外,不宜设置在坑内。

(2)勘探孔、监测孔排摸。基坑开挖前应对前期勘探孔的位置和封堵情况进行排摸,若发现坑内勘探孔封堵不当或存在突涌隐患时,应采用旋喷加固等措施进行二次封堵,防止突涌。

(3)重视勘探孔封堵。勘察单位应对所有实施的勘探孔进行有效封堵,对于深孔应进行注浆封孔,并在勘察报告中准确标识现场实际孔位的坐标数据。

(4)减压井壁外围必须采用黏土球、黏土进行封堵,必要时注浆或灌注细石混凝土(图5-6);井管焊接接头处应采用套接型;套管接箍与井管焊接应焊牢,焊缝均匀、无砂眼。

图5-5 井壁封堵不佳所致的漏水

图5-6 井壁灌注细石混凝土质量控制

5.2 降水引起的环境影响问题控制

5.2.1 设计质量控制

【问题描述】

围护设计考虑不全、降水设计不合理或施工组织设计不合理等原因,造成降水运行过程中坑外水位下降明显或大面积抽水时间长,导致坑外环境损伤明显。

【原因分析】

1. 围护设计不合理

(1) 围护设计人员对"围护—降水一体化"的设计理念认识不足，笼统认为降水产生的沉降均为均匀沉降；止水帷幕设计时未充分考虑其对地下水渗流场的影响。

(2) 围护设计人员未能准确掌握工程地质、水文地质、周边环境等基础资料，导致工程降水对周边环境影响的前期评估不足。

2. 降水设计不合理

(1) 为节约降水成本或便捷施工，盲目减少坑内减压井数量，增加减压井深度，追求"井点少、滤管长"，造成局部降落漏斗过大，影响周边环境。

(2) 降水设计计算结果失真。建立的地下水渗流计算模型未能准确概化降水区域的水文地质条件，影响降水设计方案的可靠性。

3. 施工组织设计不合理

(1) 施工单位对周边环境现状调查不到位。

(2) 施工开挖方案和进度安排不合理，未与降水运行的时空效应相结合。

(3) 应急措施不到位。针对性不强、流于形式，后期不能有效指导各类降水引发的突发情况。

【预控措施】

1. 围护设计

(1) 明确保护标准。设计单位应根据场地地质条件、基坑工程性质和周边环境保护条件，明确坑外不同含水层的水位降幅控制值；由周围保护对象权属单位提出保护标准，包括沉降绝对值和差异沉降值，其中压力管道、既有轨道交通线路和长条形结构物尤其应引起重视。

(2) 适度隔断。在沉降易发区，在止水帷幕有条件隔断目的含水层的情况下，应尽量隔断目的含水层；无条件隔断的，应采用"围护—降水一体化"设计，充分利用悬挂式止水帷幕控制基坑内外水位差。

(3) 两线以上的换乘车站，其先行施工的基坑止水帷幕深度设置应考虑后期施工基坑的降水对先期施工基坑的影响。

(4) 水文地质条件复杂工程，应提请水文地质勘察单位提出满足坑外承压水位降幅控制要求的止水帷幕深度建议值。

(5) 借助三维渗流数值计算模型，隔、降、灌等措施相结合，减少降水诱发的地层变形。

2. 降水设计

(1) 按照"围护—降水一体化"原则，优化井点深度，增加滤管底端与止水帷幕底端的绕流高度，减小坑内抽水对坑外的影响。提倡"多井小流量"抽水。

（2）按照"分层降压"原则,利用不同承压含水层渗透性差异实现"分层降压",以最大限度压缩最终设计降深。

（3）按照"降水—回灌一体化"原则,合理进行降水井与回灌井的布置。

3. 施工组织设计

（1）委托专业监测单位按规范要求在周边保护对象附近布置好沉降观测点,施工期间每天进行观测,沉降速率及累积沉降量应严格按照设计要求控制。如有异常,及时向上汇报,研究保护方法。

（2）减压降水阶段,按需降水、快挖快撑、快封底板是降低减压降水对周边环境影响的有效手段。应尽量提高施工效率,缩短挖土时间,快速形成底板,相应地减少抽水时间,以减少减压降水对周边环境的影响。

（3）为减少大面积降水和压缩抽水时间,必要时可实施分区施工。

（4）合理安排土方开挖方式,避免过早或过度减压降水。

5.2.2 降水运行质量控制

【问题描述】

降水运行过程中,运行管理不当或止水帷幕渗漏明显,造成坑内外水位均超过允许值,导致降水影响范围内的地面和建(构)筑物出现不均匀沉降、倾斜和开裂等现象,危及其安全和正常使用(图5-7)。

【原因分析】

1. 坑内水位超降

（1）主观原因。施工单位或降水单位片面追求基坑安全性,忽视环境安全,将疏干和减压混为一谈。坑内承压水位在满足抗突涌稳定性要求的基础上,仍要求进一步降至基坑底面以下,确保坑内承压水位绝对安全。

图5-7 水位超降导致环境损伤

（2）客观原因。坑内承压水位观测井观测数据指导性差,观测井滤管过长或与其他含水层窜层,误导现场减压运行控制,造成坑内水位超降。

2. 坑外水位超降

（1）止水帷幕渗漏。坑外水位下降超过允许值,导致周边环境附加变形增大,产生如地面沉降、建(构)筑物附加沉降等。

（2）施工监测指导性差。监测点数量和类型少、测量频率低以及针对性不强等原因均易造成监测人员对周边环境情况判断不明,无法有效指导现场减压运行控制。

【预控措施】

1. 坑内水位控制

图 5-8　按需降水控制

（1）严格执行按需降水(图 5-8)。在降水运行过程中,随开挖深度加大,逐步降低承压水头,避免过早抽水减压;在不同开挖深度的工况阶段,合理控制承压水头,在满足基坑稳定性前提下,防止承压水头降低过大,尽量减少降水对周边环境的影响。

（2）所有抽水井均应安装流量计量装置;填报基坑昼夜出水量汇总报表,并做好数据分析,如有异常,及时提交工程参与各方以分析及应对。

（3）坑内承压水位观测井应布设在水位降幅薄弱区域。减压降水场区内应分别布设减压降水备用井和承压水位观测井;当承压水位观测井结构与减压降水备用井结构相同时,二者可兼用。

2. 坑外水位控制

（1）在降水正式运行前,对降水影响范围内的建(构)筑物、管线、地表等应布置监测点,并观测初始数据。

（2）施工监测准确及时。施工过程中,降水单位和监测单位应注意保证水位监测的准确性和及时性。当发现坑外水位波动异常时,应主动加密监测频率并及时通知相关方,制定应对措施。

（3）对于环境保护要求高或止水帷幕质量不确定的部位,除实施必要的补强措施外,还应在坑外对应范围设置观测井,动态反映渗漏情况,应急时可兼抽水井临时启用。

（4）坑外应分层布设潜水观测井和承压水位观测井,水文地质条件复杂处应适当加密。

（5）基坑施工过程中,如围护结构发生渗漏或严重渗漏,应及时采取封堵措施,以避免基坑外侧水位发生较大幅度下降以及由此加剧的坑外地面沉降。

（6）成井后及时降水验证试验,验证围护体隔水性;一旦发现坑内抽水后,坑外水位降深比较大,应查找围护结构渗漏点,并进行外侧阻漏。

（7）坑外保护对象附近设置回灌井,当水位下降超过允许值时,应启动回灌井,进行常压回灌或加压回灌。

5.2.3 回灌质量控制

【问题描述】

回灌井设计不合理、施工质量差、运行管控系统性等原因造成回灌井回灌效果差,无法满足保护对象沉降控制指标,最终导致环境损伤严重(图5-9)。

图5-9 自然回灌效果不佳

【原因分析】

1. 回灌设计不合理

(1)回灌井布置不合理。未按照抽灌一体化设计原则系统布设降水井与回灌井的数量及空间位置。如坑外回灌情况下,坑内承压水位过高,严重威胁基坑本体安全。

(2)回灌井结构设计不合理。回灌井一般由井壁管、过滤器、沉淀管、填砾层、止水层及封填段等部分组成,各部分设计不合理均会直接影响回灌效果。

2. 回灌井施工质量差

(1)材料质量差、设备不合适。回灌井施工所需的井管、过滤器、滤料、止水材料和井帽等材料出现质量缺陷均会影响后期回灌效果;设备选型不合适或成井工艺选择不合适,也将直接影响成孔质量,导致后期回灌量小。

(2)成井过程质量控制差。回灌井成井质量要求一般高于一般降水井,成井过程中质量管控差,将直接导致回灌量小、井壁冒水等后果。

3. 回灌运行管理差

(1)回灌井滤管堵塞。初期以物理堵塞为主,后期以化学堵塞为主,将严重影响回灌效果。

(2)回灌井水质差。回灌水源若含多量有机质和细菌,或管理操作不当,密封效果差而带入较多空气,或回灌后未能良好保养,均有可能使回灌井周围的水质变坏。

(3)回灌井井壁冒水。在加压回灌条件下,当回灌压力大于滤料层上部覆土压力时,井壁四周将出现突涌、冒水现象。

【预控措施】

1. 回灌设计

(1)应按照抽灌一体化设计原则,借助三维地下水渗流数值模拟方法,结合回灌试验成果,系统布置抽水井与回灌井的数量及空间位置。

(2)坑内减压降水时,坑外回灌井深度不宜超过止水帷幕的深度,回灌井与止水帷幕距离应尽量增大,避免加压回灌时围护结构渗水。

(3)回灌井井管应采用钢制井管,过滤器宜优先采用桥式过滤器或双层缠丝过滤器。

(4)现场需进行回灌试验,获取回灌压力及单位回灌量,修正回灌设计参数,并结合试验成果,优化设计方案。

2. 回灌井施工质量控制

(1)回灌井成井常采用的工艺是正循环钻进和反循环钻进;回灌要求较高时,在场地允许的条件下,宜采用反循环钻进,确保成井质量,同时减少洗井时间,也可减轻对环境的影响。

(2)回灌井施工结束至开始回灌,应至少有2~3周的时间间隔,以保证井管周围止水封闭层充分密实,防止或避免回灌水沿井管周围向上反渗等。井管外侧止水封闭层顶至地面之间,宜用素混凝土或压密注浆充填密实。

(3)采用正循环钻进工艺时,回灌井洗井需采用活塞洗井和空压机联合洗井;采用反循环钻进工艺时,洗井采用空压机至水清、砂净。

(4)回灌井及配套的观测井(孔)施工时,对孔深、清孔后的泥浆比重、井管焊接质量、井管长度、井管结构、洗井时间、次数、滤料回填等进行旁站验收及记录。

(5)回灌井井口受到空间限制的,可采用暗埋式地下水回灌系统。

3. 抽灌一体化运行控制

(1)抽灌一体化运行控制应在保证坑内承压水位降深的前提下,尽量减小或消除受保护建(构)筑物的承压水位变化。

(2)正式回灌前,需进行抽灌一体化验证试验,并根据试验结果优化回灌井设计,确定不同施工工况下的降水与回灌运行控制要求。

(3)当自然回灌无法满足保护区水位控制需求时,可考虑进行加压回灌,在回灌井口上安装回灌加压系统,主要包括水表、压力表、止水阀,必要时安装加压泵,采用法兰盘密封处理。同时,回灌压力不宜过大,防止井壁冒水。

图5-10　回灌井加压回灌控制

(4)当回灌流量不能满足水位控制要求时,应对回灌井采取回扬措施,回扬应按多次短时控制。

(5)可采用自来水作回灌水源,也可以采用同层减压井抽出的水经水质处理器处理后进行回灌。严格监控回灌水质,当水质处理器的水处理能力降低时,应对其反冲洗;无效果时,应更换水处理介质。

(6)采用抽灌一体化运行时,在受保护建(构)筑物区域应布设独立的水位观测井或孔隙水压力观测孔。水位观测优先采用水位观测井,当施工条件受限时可采用孔隙水压力观测孔。

回灌井加压回灌控制见图5-10。

6 基坑开挖与结构回筑

6.1 基坑开挖变形控制

6.1.1 基坑防纵向滑坡控制

【问题描述】

地铁车站狭长形基坑在开挖分段、分层挖方过程中或挖方后,边坡土方局部或大面积塌陷、滑塌。

【原因分析】

(1) 基坑(槽)开挖未按规定放坡,或未按照相应土质的开挖坡比进行放坡。

(2) 在地表水、地下水作用下,基坑(槽)土层开挖未采取有效降排水措施,浅层疏干降水深度不满足基坑开挖面降水水位要求,开挖过程中排水沟未设置或设置不满足要求,导致土壤含水,土体强度降低。

(3) 开挖作业平台在设备自身静载及挖掘过程中的动荷载作用下失稳。

(4) 坡顶堆载超限或受外力震动影响,使坡体内剪切应力增大,土体失稳,造成塌方。

(5) 土质松软,开挖次序、方法不当而造成塌方。

(6) 未及时对基坑进行支护,或者网片、土钉加固不规范。

【预控措施】

(1) 严格控制基坑开挖坡度,根据不同土层土质采用适当的开挖坡比。

(2) 纵向斜面分层分段开挖的狭长形基坑,其多级分段长度、分层厚度、纵向总坡度、各级边坡坡度、边坡平台宽度等技术参数应符合《基坑工程技术标准》(DG/TJ 08—61—2018)第 16.4.7 条第 1、2 款的相关要求。

(3) 开挖前做好地面排水工作,防止沟内积水向坑内渗透。开挖过程中采用有效降水措施,使水位降至开挖面以下 1 m,保证该层土的降水效果。

(4) 开挖作业平台,设备沿纵向停放,距离开挖边线不小于 1 m。

(5) 土方开挖施工时,坡顶、基坑边严禁堆载。

(6) 基坑土方开挖应符合《建筑地基基础工程施工质量验收标准》(GB 50202—2018)第 9.1.3 条的相关要求,应从上到下分层,横向先挖中间土体,后挖两侧土体,避免先挖坡脚。

(7) 暴雨来袭前,边坡应有效护坡,坡脚设置排水设备,防止浸水。

（8）开挖至基底时,应及时进行垫层、底板施工,缩减基底暴露时间。

（9）合理安排每层土方挖土及支撑工作量,避免暴露过大范围的基坑工作面。

（10）当纵坡长时间放置时,应做好坡面临时防护工作。

6.1.2 支撑失稳控制

【问题描述】

基坑支护结构中的支撑系统强度、刚度及稳定性不良,引发支撑体系破坏。

【原因分析】

（1）钢立柱与支撑连接处破坏,立柱桩过度隆起或钢立柱与围护结构之间差异沉降超限。

（2）支撑体系安装位置偏差或轴线偏差导致支撑受力偏心,或施加预应力不符合设计要求导致支撑变形。

（3）钢支撑原材料存在缺陷,不能满足加载受力的要求。

（4）围檩支撑面与围护结构接触面过小或未填充密实,导致围檩受压扭曲变形,继而影响支撑体系稳定。

【预控措施】

（1）钢立柱边严禁单侧掏空,避免立柱承受侧向压力。

（2）基坑开挖期间,根据立柱桩沉降监测情况,若钢支撑拱起侧弯或下沉,应迅速采取加固或补充支撑措施。

（3）支撑施工严格按基坑设计文件和规范要求架设,并施加预应力。

（4）严格验收钢支撑材料,杜绝使用有缺陷的支撑材料。

（5）围檩支撑面应及时修整找平,并及时采用高强灌浆料填充围檩与围护间存在的缝隙,以保证围檩支撑受力稳定。

（6）斜撑位置应设置止推钢板防滑移。

（7）做好支撑与格构柱间的连接工作。

6.1.3 坑底隆起控制

【问题描述】

基坑持续开挖过程中坑底土体向上回弹隆起。当基坑弹性隆起发展到塑性隆起时,支护结构与坑外土层变形位移将随之增大,坑内产生破坏性滑移,地面产生严重沉降,致使基坑失稳。

【原因分析】

（1）基坑开挖卸载,原状土体密实度及应力平衡受到扰动,引起基底回弹而隆起。

(2)基坑开挖深度增加,基坑内外压力差逐渐增大,基坑边地面荷载,围护结构向基坑内位移及变形,使坑底向上隆起。

(3)围护结构在侧向水土压力作用下,墙脚与内外侧土体产生变形,引起土体上抬。

(4)基坑(黏性土)降水效果不良、积水,土体体积增大隆起。

(5)基坑底不透水土层因其自重不能承受其下承压水头压力而产生隆起。

【预控措施】

(1)基坑开挖过程中注意基底隆起监测。

(2)地基加固和井点降水严格按设计、规范和方案要求实施。

(3)基坑周边禁止超载。

(4)开挖前针对围护质量进行评估复核,着重对可能会发生渗漏的部位采取必要的技术处理。

(5)对坑底土体采取加固措施,增加土体强度。

(6)设计人员须针对基坑的稳定性复核,包括边坡的稳定性验算、基坑的抗渗流验算、基坑抗承压水验算和基坑抗隆起验算。

6.1.4　承压水防突涌控制

【问题描述】

基坑开挖深度增加,导致承压含水层上方覆盖土层(不透水层)厚度减小,承压水水头顶裂或冲破基坑底土体、坑壁围护接缝,造成地基强度破坏(图6-1)。

图6-1　承压水突涌

【原因分析】

(1)围护结构止水帷幕(或基坑封底)存在缺陷,形成坑内、外水力联系。

（2）降压井水位降深未满足土层开挖安全水位。

（3）降压井出现滤孔堵塞或失效。

（4）基坑内存在封堵处理不当的勘探孔。

（5）承压水井管受外力或井管管节间焊接质量不佳而破损失效。

【预控措施】

（1）开挖前针对围护质量进行评估复核，着重对可能会发生渗漏的部位采取必要的技术处理。

（2）开挖过程中全面检查围护结构接缝区域，出现细微渗漏点及时处置。

（3）针对工程水文地质情况、承压水安全水位、水位降深标准，合理布设井点，并验证减压效果。

（4）基坑开挖过程中，应严格观测和控制承压水水位。

（5）降水井管施工时，加强井管焊接质量验收，开挖过程中防止井点损坏；若损坏，应及时启用布设的备用井点。

（6）开挖前应对基坑范围内已知勘探孔的封堵情况再次复核，根据土层标高对勘探孔采用粗砂或黏土球封堵；密切观察存在的遗留勘探孔，发现征兆后，及时有效封堵。

6.1.5　围护结构渗漏水(流砂)控制

【问题描述】

基坑围护结构(地下连续墙、钻孔灌注桩等)在基坑开挖过程中，围护结构之间(墙缝、桩间部位)产生渗漏水、涌砂等(图 6-2)。

图 6-2　围护结构涌水

【原因分析】

（1）围护结构(地下连续墙)施工垂直度不良，出现开叉现象。

(2) 围护结构(地下连续墙)接缝质量缺陷,邻接幅接头侧壁泥皮、沉渣未清除干净即进行后续工序,接缝处存在夹泥现象,导致渗漏。

(3) 围护结构(地下连续墙)成墙质量缺陷,基槽底沉渣、淤积物或与混凝土掺和,致使墙体及接缝局部(拐角)质量缺陷。

(4) 围护结构混凝土灌注导管设置不合理或浇筑速度过快,导致混凝土出现低密实度的薄弱点,形成渗漏水路径。

(5) 围护结构混凝土灌注时,导管拔空或堵塞,导致二次灌注导管内泥浆与混凝土混合或新老混凝土面形成冷缝。

(6) 围护止水帷幕(高压旋喷桩、搅拌桩)注浆压力、喷浆量不足,桩体垂直度不佳,桩间存在夹泥薄弱环节或施工冷缝,形成渗流通道,导致止水帷幕失效。

(7) 开挖过程中围护结构变形较大。

【预控措施】

(1) 严格控制围护结构(地下连续墙)的整体垂直度,避免开叉。

(2) 地下连续墙槽段重点关注刷壁效果,防止夹泥。

(3) 选择合适的泥浆参数,防止槽壁坍塌,并做好清基工作,减少沉渣。

(4) 浇筑混凝土时,合理设置导管孔,并注意控制导管深度和提升速度,保证混凝土密实。

(5) 混凝土浇筑必须连续,并应控制好导管埋深,避免导管拔空或堵塞。如出现该现象,应及时清理导管并采取有效隔水措施,尽快二次灌注。

(6) 止水帷幕施工应通过试桩确定各项工艺参数,并按施工参数及工艺要求实施,出现施工冷缝后应采取补强措施。

(7) 对地下连续墙进行墙趾注浆,防止出现不均匀沉降。

(8) 基坑开挖做到随挖随撑,并实施动态信息化管理,防止围护结构产生较大变形。

(9) 围护结构质量问题都应在基坑开挖前和开挖过程中采取专项措施妥善处理。

6.1.6 基坑积水控制

【问题描述】

基坑内积水或被水淹泡,引起地基强度降低,影响基础承载力。

【原因分析】

(1) 场地周围排水沟缺失,或排水坡度不合理。

(2) 施工场地处于相对低洼位置,基坑周边挡水墙存在未封闭缺口。

(3) 地下水位以下挖土时,未将水位降至基底开挖面以下。

（4）基坑开挖见底后，未能及时封闭垫层，或未设置临时抽排水设施抽排积水。

【预控措施】

（1）施工场地设置的排水设施的尺寸、深度和排水坡度等指标必须满足排水要求。

（2）施工场地所在区域相对低洼时，坑边宜设置满足挡水高度的封闭挡水墙。

（3）基坑各分层开挖前，水位应降至基底开挖面以下 1 m。

（4）土方开挖收底时，应及时组织基坑验槽，并及时封闭坑底。

（5）注意天气变化，在基坑内设置抽排水设施。

6.1.7　基坑内地下障碍物处理控制

【问题描述】

基坑内地下障碍物（如 PHC 管桩和勘探孔等）引起承压水突涌、管涌。

【原因分析】

（1）基坑内的 PHC 管桩、勘探孔等地下障碍物连通基坑下卧承压含水层，管内或管壁存在渗漏通道。

（2）围护或桩基遇到深层障碍物处理时，深度进入承压含水层，未进行封堵处理或封堵方式不当。

【预控措施】

（1）开挖前，应对基坑内连通承压含水层的 PHC 管桩等地下障碍物选择可靠的处理方式，如灌浆或混凝土灌芯封堵、管内及管壁注浆封堵、拔桩及加固处理（图 6-3、图 6-4）等。

图 6-3　拔桩处理过程　　　　　　　　图 6-4　桩孔加固处理

（2）开挖前，应实施地下障碍物处理，且对处理深度进入承压含水层的孔位或围护、桩基周边进行可靠的加固封堵处理，如 RJP、MJS 和高压旋喷注浆等。

（3）基坑开挖过程中发现勘探孔涌水现象，应及时在涌水口四周搭设围堰，同时向孔内下注浆芯管，使用水不漏对勘探孔洞口芯管处进行封堵，并在涌水口安装导流管,将涌水进行导流。同时,应采用混凝土对涌水口上部压填,压填过程中应注意不要破坏注浆芯管及导流管。混凝土压填完成后,及时采用双液注浆或聚氨酯注浆进行封堵作业。随着注浆封堵作业的进行,水流会逐渐减小直至停止涌水。注浆封堵作业完成,勘探孔涌水得到有效控制。

6.2 复杂工况下钢支撑安装控制

6.2.1 钢支撑安装直线度控制

【问题描述】

钢支撑安装完成后,钢支撑整体不在同一水平线上,跨中部分出现下挠情况,大跨度基坑情况更严重。

【原因分析】

(1) 钢支撑下方钢系梁在安装时,两端与格构柱固定处标高存在偏差。

(2) 钢支撑自身存在弯曲、变形等情况。

(3) 大跨度钢支撑接头数量多,部分接头螺栓未拧到位。

(4) 钢支撑两端(固定端和活络端)的安装标高存在偏差。

(5) 基坑两侧围护结构施工时,预埋钢支撑固定端钢板或钢围檩不在同一标高。

【预控措施】

(1) 钢支撑安装前,应对钢系梁、固定端及活络端标高进行复核,确保在同一位置。

(2) 钢支撑进场后,应对外观质量、垂直度、质保书及合格证进行验收,验收合格后方可投入现场施工。

(3) 应控制钢支撑接头数量,尽量减少短接头。螺栓应进行多次复拧,钢支撑安装完成后,应安排专人每日对螺栓松紧情况进行巡视。

(4) 钢支撑安装过程中,应安排测量人员对垂直度进行验收,验收合格后方可进入下一道工序。

(5) 基坑两侧围护结构施工时,预埋钢板及钢围檩的安装应安排专职测量人员做好标高复核工作,保证偏差符合设计规范和要求。

6.2.2 钢围檩安装错缝、偏位控制

【问题描述】

钢围檩安装完成后,两根相邻的钢围檩出现上下或左右错缝,造成接缝不密贴的情况(图 6-5)。

【原因分析】

(1) 钢围檩背侧清理未凿除到位,存在凸出鼓包,整体平整度不符合要求。

（2）钢围檩底部牛腿焊接标高不在同一平面上。

（3）牛腿与围护结构未可靠连接。

【预控措施】

（1）钢支撑背侧应凿除清理至表面基本平整,不得存在明显凸出鼓包。

（2）焊接牛腿部位应由测量人员提前对标高进行放样,保证牛腿高度处在同一位置。

（3）牛腿应与围护结构可靠连接;若采用焊接形式,须保证焊接质量达到设计和规范要求。

钢围檩拼缝补强见图6-6。

图6-5　钢围檩拼缝错位　　　　　　图6-6　钢围檩拼缝补强

6.2.3　钢支撑锈蚀、变形控制

【问题描述】

钢支撑在使用或存放过程中,其表面与周围介质发生化学或物理反应而遭到侵蚀破坏,产生锈蚀。钢支撑在安装过程中受到撞击、磕碰等情况发生变形,或在基坑开挖期间由于围护结构往基坑内变形而导致变形。

【原因分析】

（1）未对钢支撑表面进行防锈、防腐蚀处理。

（2）在安装及拆卸过程中,钢支撑成品保护工作未落实到位。

（3）基坑开挖期间,围护结构水平位移过大,侧向水平力造成钢支撑变形。

【预控措施】

（1）对钢支撑表面进行防锈、防腐蚀处理,如涂刷防腐蚀、防锈涂料等。

（2）钢支撑进场后,组织专人针对钢支撑进行验收,查验质保书、合格证、钢外观质量、壁厚等,各方面验收合格后方可投入使用。

（3）钢支撑安装及拆除前,进行专项安全技术交底,过程中安排专人进行旁站监督。

(4)钢支撑采用自动伺服系统。

6.2.4 钢支撑端部活络头长度控制

【问题描述】

钢支撑安装完成后,端部活络头行程达到极限,无法再施加轴力。

【原因分析】

(1)钢支撑安装过程中,未根据现场实际长度进行配料。

(2)钢支撑安装过程中,固定端及活络端未紧贴预埋钢板或钢围檩。

【预控措施】

(1)钢支撑安装前,应对基坑宽度进行实测,根据现场实际宽度进行配料。

(2)钢支撑安装过程中,固定端及活络端应紧贴预埋钢板或钢围檩。

(3)施工现场应配备足够数量的短接头,以调节钢支撑长度。

6.2.5 钢斜撑应力损失控制

【问题描述】

随着基坑开挖深度加深,基坑水平位移增大,角撑斜支座抗剪切能力达到极限,焊缝破坏,造成支撑应力损失。

【原因分析】

钢支撑角撑斜支座部位采用焊接形式固定,随着基坑逐渐挖深,围护结构水平位移增大,基坑外侧主动区水土压力作用在斜支座上,焊缝承受的剪切力增大,当剪切力大于焊缝的承载力极限值时,焊缝撕裂,应力损失。

【预控措施】

钢支撑角撑斜支座部位焊接质量须满足设计要求,并增加肋板,防止焊缝受剪破坏(图6-7)。

图6-7 斜支座加强处理示意

6.2.6　钢支撑防坠落控制

【问题描述】

钢支撑安装完成后,应力损失或者钢支撑在拆除过程中操作不当导致钢支撑坠落。

【原因分析】

(1)基坑开挖期间,坑外水土压力作用在围护结构上,围护结构传递给钢支撑,导致钢支撑(角撑部位)焊缝受剪撕裂,钢支撑因此坠落。

(2)钢支撑拆除过程中,先将钢系梁拆除,再拆除钢支撑,导致钢支撑应力释放,钢支撑因此坠落。

【预控措施】

(1)钢支撑角撑斜支座部位焊接质量须满足设计要求,并增加肋板,防止焊缝受剪破坏;斜支座底板安装防掉落垫板,使用边角保护橡胶垫。

(2)钢支撑拆除过程中,应先释放钢支撑应力,然后分节吊装钢支撑,最后再拆除钢系梁,全程应有安全监护人员旁站监督。

(3)钢支撑采取上挂下托措施。

6.2.7　格构柱防偏位、扭转控制

【问题描述】

格构柱在下放或者混凝土浇筑期间,整体角度或垂直度发生偏转,导致偏转角度或垂直度超过设计要求(图6-8、图6-9),影响后续施工。

图6-8　偏转角度过大

图6-9　垂直度偏差

【原因分析】

(1)格构柱加工完成后,自身垂直度存在偏差。

(2)灌注桩在成孔期间,孔位垂直度存在偏差。

(3)格构柱下放过程中,未采取垂直度及转向控制措施。

【预控措施】

(1)格构柱进场时,验收质保书、焊接质量合格证及垂直度,验收合格且垂直度满足设计要求后方可投入现场使用。

(2)灌注桩成孔前,对钻杆垂直度进行验收;成孔过程中,加强成孔垂直度验收。

(3)格构柱下放过程中采用导向架,以保证垂直度及转向。

6.2.8 钢围檩背填密实控制

【问题描述】

钢围檩贴围护结构(地下连续墙、钻孔灌注桩等)一侧未填密实(图 6-10),钢支撑预加轴力施加完成后,钢围檩与围护结构仍有较大空隙。随着开挖深度加深,基坑内被动区土体卸载后,坑外主动土压力作用在围护结构上,造成围护结构往基坑内水平侧向位移。

图 6-10 钢围檩空隙未填密实

【原因分析】

(1)钢围檩在加工或使用过程中,自身平整度存在偏差。

(2)钢围檩背侧围护结构未凿除到位,存在鼓包,整体平整度偏差较大。

(3)钢围檩灌浆料未按照设计要求或施工方案背填处理到位。

【预控措施】

(1)钢围檩应在进场使用前进行产品外观验收,并查验钢结构产品质保书、合格证等,各项检查内容满足要求后,方可投入使用。

(2)围护结构凿除完成后且钢围檩安装前,应安排专人利用水平靠尺对凿除完成区域的整体平整度进行验收,验收通过后方可进行钢围檩安装。

(3)钢围檩安装完成后,应限时对围檩背后孔隙进行背填。钢支撑固定端处可采用垫钢板或钢楔的方式对围檩背侧缝隙先行填充,然后预计部分预应力,减少基坑围护结构变形,直至缝隙全部填充完毕;灌浆料达到设计强度后,钢支撑加至最终轴力。

6.3 结构渗漏水控制

6.3.1 防水涂料施工质量控制

【问题描述】

防水涂料涂刷完成后脱离结构面,导致防水失效。

【原因分析】

(1)防水基层灰尘未清理干净,导致涂料无法与结构紧密粘贴。

(2)涂料防水收边位置存在翘起,没有及时采取措施处理。

(3)基层含水率过高,导致涂料起皮。

【预控措施】

(1)防水施工前,需采用吹风机将基层处理干净,确保无灰尘。

(2)防水施工前,需要仔细检测基层含水率(图6-11),合格后方可进行涂料涂刷施工。

(3)防水涂料施工完成后,检查四周是否有翘起现象,发现后应及时补刷,或在防水层上方浇筑细石混凝土保护层(图6-12)。

 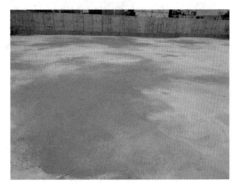

图6-11 含水率检测　　　　　　　　图6-12 细石混凝土保护层

6.3.2 阴阳角防水效果质量控制

【问题描述】

阴阳角处防水卷材或者涂料无法与结构表面贴合。

【原因分析】

(1)防水卷材弹性较大或弯折半径较大,无法与结构面贴牢。

(2)结构面未清理干净,存在大量灰尘,导致卷材或者涂料脱落。

(3)阴角处涂料未涂刷到位。

【预控措施】

(1)选择弹性较小的卷材或者采用适合的涂料。

(2)将结构面清理干净,减少灰尘。

(3)阴角处采用水泥砂浆做圆弧形或者 45°倒角,便于卷材与之贴合。

6.3.3 穿板格构柱防渗漏控制

【问题描述】

结构回筑过程中,格构柱需穿越每层结构板,导致结构板在该处易产生发散性裂缝(图 6-13),进而导致渗漏水。

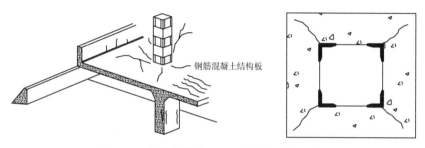

钢筋混凝土结构板

图 6-13 格构柱穿越混凝土结构板产生的裂缝

【原因分析】

(1)施工过程中,现浇混凝土结构板与格构柱间无法紧密连接。

(2)结构板由于自重的作用,与格构柱产生相对位移,导致格构柱周边产生发散性裂缝。

(3)格构柱拆除后,该处修补的结构板间存在冷缝。

【预控措施】

(1)结构板钢筋应穿过格构柱并禁止在格构柱处随意断开,结构板钢筋应从格构柱中穿越以增强结构板与格构柱的整体性。格构柱穿板节点平面详图及实样见图 6-14。

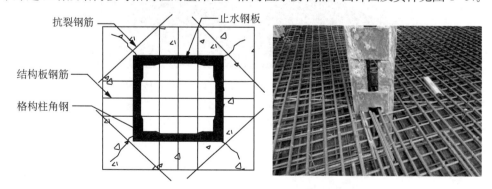

抗裂钢筋　止水钢板

结构板钢筋

格构柱角钢

图 6-14 格构柱穿板节点平面详图及实样

（2）结构板施工过程中,在格构柱四周应增设抗裂钢筋,防止裂缝产生。

（3）格构柱角钢周边应设置不小于 100 mm 宽的止水钢板,且止水钢板应作毛化处理以增加与混凝土之间的黏结力。且在格构柱外侧止水钢板上、下各设置一道遇水膨胀止水条,形成水平封闭圈。格构柱处防渗漏节点剖面详图与现场实样见图 6-15。

（4）拆除格构柱后,采用微膨胀混凝土进行填充修补。

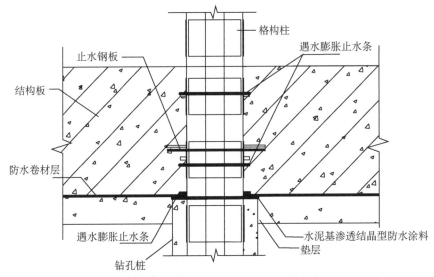

图 6-15　格构柱处防渗漏节点剖面详图与现场实样

6.3.4　结构穿墙撑位置防渗漏控制

【问题描述】

地下结构在回筑过程中须考虑基坑的整体稳定性,故仍需保留一道或者两道支撑,结构回筑完成后方可拆除,致使钢支撑端部被浇筑在结构中,导致端部周围产生渗漏水。

【原因分析】

(1) 两种不一样的材质无法紧密连接,导致地下水顺二者接缝处渗出。

(2) 过早拆除留撑,导致该处结构强度在尚未达到设计要求的情况下,因受到侧向压力作用而开裂,进而产生渗漏水。

【预控措施】

(1) 穿墙钢支撑外缘应加焊止水钢板,止水钢板半径至少大于支撑外径 50 mm。为增强两种材质的连接效果,止水钢板焊接前应作毛化处理,并应确保焊缝饱满密实。

(2) 支撑周边应按要求设置抗裂钢筋,增加周边混凝土与钢筋的握裹力,减少周边混凝土开裂的可能性。为了进一步减少开裂现象,留撑四周应铺设一层防裂钢丝网,钢丝网覆盖范围应为 $D+500$ mm(D 为支撑直径)。预留钢支撑穿墙件抗裂钢筋布置措施见图 6-16。

(3) 应待结构整体施工完成、结构强度达到设计要求后方可拆除留撑。

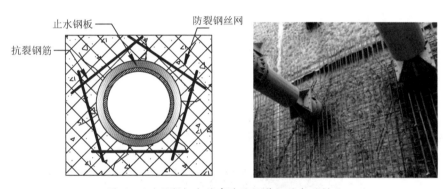

图 6-16 预留钢支撑穿墙件抗裂钢筋布置措施

6.3.5 降压井管穿底板防渗漏控制

【问题描述】

降压井管穿越底板时,由于井管壁与混凝土底板间无法紧密连接在一起,地下水在压力作用下沿着井管壁冒出。

【原因分析】

(1) 底板范围内井管壁上有尘土,导致井管壁与混凝土无法黏结牢固,致使承压水层沿井管壁冒出。

(2) 由于坑底对底板有向上顶托的作用,底板在降压井附近产生细微裂缝,从而导致渗水。

(3) 封井失效,导致地下水顺着井管内壁冒出。

【预控措施】

(1) 在混凝土底板与井管壁四周加焊止水钢板,并将钢板表面毛化处理,使之与混凝土充分黏结,减少结构混凝土与井管壁间产生的冷缝。并在止水钢板上下每隔20 cm 设置遇水膨胀止水条。

(2) 在井管壁周围设置构造钢筋,防止出现周边裂缝。

(3) 降压井封闭应严格按照封井方案进行,封井完毕后须检查封井质量。封井后将井管割除,并在井管口采用厚度不小于 10 mm 的钢板与井管焊接紧密,起到再次封口的作用。

降压井穿底板做法节点详图与实样见图 6-17、图 6-18。

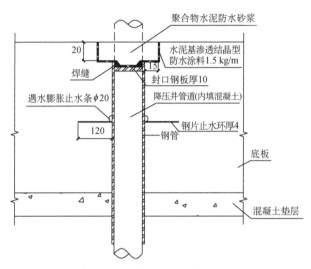

图 6-17　降压井穿底板做法节点详图(mm)

图 6-18　降压井穿底板做法节点实样

6.3.6　竖向变形缝防渗漏控制

【问题描述】

变形缝两侧结构分两次浇筑,使两侧结构之间的沉降不均匀,导致连接处脱开,地下水沿着变形位置渗出,造成结构渗漏。

【原因分析】

(1)变形缝两侧结构分两次浇筑,在二期结构施工前,未将其与一期结构相连界面的表面浮浆清除干净。

(2)变形缝贯穿止水带接头位置,但没有搭接到位或者止水带没有按照要求设置到位。

【预控措施】

(1)二期浇筑混凝土前,应对一期结构表面进行凿毛处理以增强两次混凝土间的黏结力,且应将止水带表面浮浆、混凝土残渣清除干净;浇筑过程中,振捣棒严禁触及止水带。

(2)中埋式止水带在转弯处宜采用直角专用配件,并应做成圆弧形。橡胶止水带的转角半径应不小于 200 mm;钢边橡胶止水带应不小于 300 mm,且转角半径应随止水带的宽度增大而相应加大。

(3)橡胶止水带应按工程设计的实际长度在工厂预制成形,避免现场搭接。如遇特殊情况必须现场设置接头,则须按产品技术要求牢固可靠连接。

(4)在衬墙施工前,施工缝外侧先采用聚合物水泥防水砂浆进行找平处理。

竖向变形缝处防渗漏节点详图及现场实样见图 6-19。

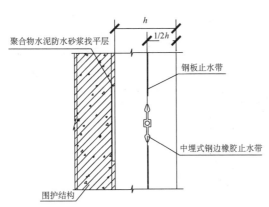

图 6-19　竖向变形缝处防渗漏节点详图及现场实样

7 盾构法隧道

7.1 管片制作

7.1.1 混凝土管片表面裂缝控制

【问题描述】

混凝土管片配合比、原材料计量和振捣工艺等问题造成管片表面产生裂缝。当裂纹并未贯穿或其宽度小于等于 0.2 mm 时,其并不影响管片整体的结构性能;当裂纹出现贯穿或其宽度大于 0.2 mm 时,管片存在结构性能安全隐患(图 7-1、图 7-2)。

图 7-1　管片侧面裂缝

图 7-2　管片内弧面裂缝

【原因分析】

(1)混凝土配合比未因时制宜。由于冬季和夏季的环境温度差异,混凝土内部的物理化学变化也随之呈现不同的变化。夏季气温高,混凝土易失水,初凝时间变短;而冬季则相反。

因此,针对两种特殊环境,必要时应设计专用的混凝土配合比。如果在特殊环境下仍沿用常规的混凝土配合比,会导致混凝土管片失水过快或过慢,继而产生裂缝。

(2)混凝土搅拌前,原材料计量不准确。原材料计量不准确使得混凝土配合比达不到设计要求,从而导致混凝土表面的游离水形成毛细孔,表面张力起作用就会析出蒸发。而水分蒸发时,混凝土体积就会收缩。当收缩能量聚集到一定程度时,受拉力过大部位就会出现裂纹,而附近未解除限制的游离水会趁机而出,进一步加大其扩展,使裂缝更加明显。

(3)振捣工艺不到位。混凝土管片未严格依据振捣工艺要求的振捣时间及频率进行操作。

振捣时间过短导致振捣不密实;时间过长则造成混凝土分层,粗骨料下沉,细骨料上浮。这两种情况都会导致混凝土管片外表面强度不足,从而使表面或端面产生裂缝。

【预控措施】

(1) 根据季节采用不同配合比。配合比的选用应当因时制宜,对于生产周期经历夏季和冬季特殊环境的混凝土管片,应对原有配合比进行优化设计,设计出夏季、冬季专用配合比,以适应各种特殊环境下的混凝土管片生产。

(2) 原材料计量控制。对于计量原材料的计量设备应当及时检验校准。

计量时,应严格将胶凝材料的计量误差控制在±2%,粗、细骨料的计量误差应在±3%,水及外加剂的计量误差应在±1%。

(3) 严格控制振捣工艺。混凝土振捣时,振捣棒必须做到快插慢拔,而且应先振中间再振两边。由于环境温度及混凝土坍落度等具体影响因素的不同,振捣工艺存在些许差别,振捣时应结合现场天气及混凝土自身状态优化振捣工艺(图7-3、图7-4)。

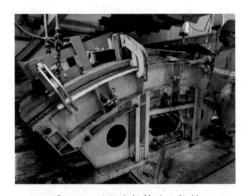
图7-3 混凝土振捣施工控制

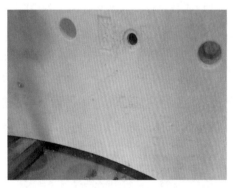
图7-4 管片侧面无裂缝

7.1.2 混凝土管片边角防破损控制

【问题描述】

在混凝土管片脱模过程中,混凝土强度不足、吊索具老化故障和吊运次数过多等原因造成管片边角破损,影响管片的外观质量(图7-5、图7-6)。

【原因分析】

(1) 混凝土强度不足。混凝土管片脱模时的混凝土强度未达到脱模强度,在脱模过程中极易发生表面混凝土随钢模一同拉出的情况,产生拉模现象,造成管片边角破损。

(2) 吊索具老化故障。管片吊运时所用的吊索具未及时进行维修保养,容易发生吊索具老化故障,导致管片运输过程不稳,发生磕碰甚至掉落,从而导致边角破损。

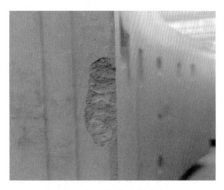

图 7-5　管片边部破损　　　　　　　　图 7-6　管片角部破损

（3）吊运次数过多或管片间距过小。混凝土管片在生产完成后,需要经历脱模、水养护和堆场存放等多个涉及吊运的环节。多次吊运极易发生管片碰撞,造成边角破损;水养护过程中为增加养护池空间利用率,管片间距较小,也易发生管片碰撞导致边角破损。

【预控措施】

（1）做好混凝土强度检测。混凝土管片生产过程中,应准备好同条件混凝土试块,在管片脱模前对同条件试块做好强度检测,确保混凝土强度达到设计强度的40%以上方可脱模。管片角部完好情况见图 7-7。

（2）设备维护保养。管片吊装应采用专用设备(图 7-8),吊装前应检查吊索具,按计算载荷的重量正确选择吊索具,不得超载荷使用。应经常维护、保养吊索具,不符合要求、该报废的吊索具必须及时更换,确保使用时安全可靠。

图 7-7　管片角部完好　　　　　　　　图 7-8　专用设备起吊

（3）采用养护剂养护方式。采用混凝土养护剂代替传统水养护。混凝土养护剂主要通过使混凝土管片外表面与空气隔绝、水分不再蒸发的方式,利用混凝土自身的水分最大限度地完成水化作用,达到养护的目的。由于减少了水养护中管片吊入和吊出养护池的环节,管片碰撞导致边角破损的发生频率降低了。

(4) 使用边角保护橡胶垫。在管片养护、堆放、运输过程中,采用橡胶垫等包裹管片边角,防止磕碰破损。

7.1.3 混凝土管片厚度控制

【问题描述】

管片内弧面为钢模面,混凝土管片生产过程中存在管片厚度超标的现象。

管片厚度超标通常是指外弧面厚度超过了 ±2 mm 的偏差允许范围,导致管片在拼装过程中存在质量隐患(图 7-9)。

【原因分析】

(1) 钢模清理不到位。管片生产收水过程中,通常以钢模外弧面最凸起的两条"眉毛条"(图 7-10)作为外弧面基准面,如果生产结束后的钢模外弧面"眉毛条"未彻底冲洗干净,残留的混凝土会形成一层凸起的残渣,影响后续生产中的收水基准面,从而导致成型管片出现厚度超标现象。

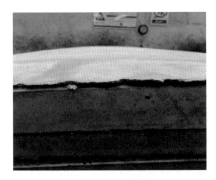

图 7-9　外弧面厚度超标　　　　图 7-10　钢模"眉毛条"

(2) 收水次数不足。管片收水一般经过三次作业。但由于操作人员的操作不当,减少了收水频次,混凝土极易发生未初凝就停止收水的情况。未初凝的外弧面混凝土向两侧流动,导致外弧面出现中间低、两侧高的厚度超标现象。

(3) 静养时间不足。混凝土浇筑后,未结合环境温度及混凝土凝结状况设定合理的静养时间,导致混凝土未凝结,外弧面混凝土发生流动,使得管片外弧面出现厚度超标现象。

(4) 流水线传动工艺问题。传统流水线生产管片时,传动工艺的缺陷导致钢模发生撞击,使得钢模内未凝结的混凝土发生晃动,造成外弧面混凝土呈波浪形,导致管片厚度超标。

【预控措施】

(1) 彻底清理钢模。钢模使用前,应将其上的混凝土残留物、杂物清理干净,确保"眉毛条"上无混凝土残留(图 7-11)。

（2）规范收水操作。管片的收水操作应严格按照规定进行 3 次,且每次收水作业完成后应当进行检查,保证外弧面压实、平整、和顺(图 7-12)。

图 7-11　清理钢模　　　　　图 7-12　收水作业检查

（3）控制静养时间。时长视气温及混凝土凝结情况而定,混凝土浇筑成型的静养时间不得少于 1.5 h。

（4）优化流水线传动工艺。对于采取流水线工艺生产的管片,应当对其传动方式进行优化,控制传动速率及时间,避免钢模撞击;同时,减少钢模行走所引起的混凝土晃动。

7.1.4　注浆管防渗漏控制

【问题描述】

管片生产过程中,由于注浆管位置保护层过小、锚筋过长和涂层反应等,管片内部出现渗水通道,导致注浆管位置在管片使用过程中出现渗漏水现象。

【原因分析】

（1）保护层过小。注浆管预埋在管片内部,管片注浆管位置的保护层厚度为管片外弧面到注浆管顶部的距离,此处的混凝土保护层相比其他部位过小,容易开裂发生渗漏。

（2）锚筋过长。为了增大注浆管在管片中的抗拔能力,注浆管通常会增加锚筋。而增加的锚筋如果过长,容易导致管片外弧面到锚筋的距离过小,产生渗漏通道。

（3）涂层反应。为加强注浆管防腐性能,会在注浆管表面作涂层处理。但部分种类的涂层会与混凝土中碱性材料发生反应,在生产过程中出现气泡,导致管片内部注浆孔位置有气孔,形成渗水通道,发生渗漏。

【预控措施】

（1）增加保护层厚度。减少注浆管长度,增加注浆管位置的混凝土保护层厚度。建议管片注浆孔处保护层厚度不小于 150 mm。

（2）在保证锚固强度的前提下，适当缩短锚筋长度。

（3）优化涂层。优化注浆管防腐涂层，改变涂层材料或采取抗碱措施，避免涂层与混凝土中碱性材料发生反应。

7.1.5　钢管片尺寸偏差控制

【问题描述】

钢管片由于其钢材性质，加工过程中容易发生尺寸精度与设计要求不符等质量问题。规范允许偏差范围中，宽度偏差为±0.3 mm，弧弦长误差为±1.0 mm，管片厚度误差为−1.0～3.0 mm。如果超出偏差范围，钢管片在后续的使用中会出现质量问题。

【原因分析】

钢管片加工采用的切割、焊接等方式易使钢板受热变形，导致加工尺寸发生偏差。

【预控措施】

（1）落料尺寸控制。钢管片加工过程中，对钢板原材料进行切割、焊接等作业时，精确控制尺寸，保证最终成型的钢管片满足设计要求（图7-13）。

（2）加强成品检测。钢管片加工完成后，须对管片整体进行尺寸检测（图7-14），出厂前还需做好整环拼装检测以确保成品精度（图7-15）。

图 7-13　落料尺寸控制　　　　　　图 7-14　钢管片成品检测

图 7-15　钢管片拼装检测

7.1.6　钢管片焊接质量控制

【问题描述】

钢管片通过焊接将成型钢板组合成型,在加工过程中存在众多焊接加工部位。若采用人工焊接,易发生焊缝不饱满、漏焊等质量问题(图7-16)。

【原因分析】

钢管片焊接加工(图7-17)中,由于人工作业因素影响,焊缝质量参差不齐。

图7-16　钢管片焊缝不合格　　　　　　图7-17　钢管片焊接加工

【预控措施】

(1)焊缝检查。钢管片焊接完成后,应及时进行焊缝检查(图7-18),检查内容应包括焊缝是否遗漏、焊缝是否饱满等。检查应留有记录,不合格的钢管片应再次加工。

(2)磁粉探伤。钢管片焊接完成后,必须通过磁粉探伤(图7-19)进行最后的成品检验,以保证钢管片焊缝内部质量没有缺陷。

图7-18　钢管片焊缝检查　　　　　　图7-19　钢管片焊缝磁粉探伤

7.1.7　管片预埋件质量控制

【问题描述】

管片预埋件通常是指在管片生产过程中,管片浇筑成型前预先安装在管片内部的,除钢筋、混凝土外的构配件,并随着管片浇筑成型固定在管片中。管片预埋件作为管片中重要的配件之一,通常在管片使用时起到连接、加固等作用。

管片预埋件的质量问题主要包括性能问题和成型质量问题两方面(图 7-20、图 7-21)。性能问题是指管片预埋件性能不达标,影响管片拼装时的效果,甚至可能影响管片使用和隧道施工质量;成型质量问题是指管片预埋件在成型后,管片上的位置精度有偏差,或是外观质量及管片预埋件完整性有瑕疵,导致增加了管片的拼装难度,影响施工进度。

 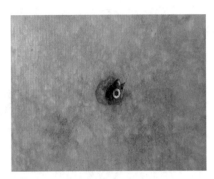

图 7-20　管片预埋件性能问题　　图 7-21　管片预埋件位置成型质量问题

【原因分析】

(1)管片预埋件性能检验(图 7-22)过程不规范。管片预埋件性能问题主要是其性能检验过程不规范引起的。管片预埋件通常由专业的预埋件加工厂家进行生产,再以成品形式提供给管片生产单位,性能检验不规范会导致无法发现性能不合格的预埋件,容易使不合格的管片预埋件用于实际生产中,引发管片预埋件性能问题。

(2)钢模中的管片预埋件定位安装(图 7-23)设计不合理。预埋件成型质量问题主要由钢模设计不合理导致。管片成型过程中,管片预埋件需在浇筑前安装固定在钢模中,因此,钢模中的管片预埋件定位安装设计决定了其成型质量。若定位安装设计不合理或存在精度偏差,则管片成型后,其预埋件的成型质量也会受到影响。

图 7-22　预埋件性能检验　图 7-23　钢模中的管片预埋件定位安装

【预控措施】

(1) 编制操作手册,规范检验过程。针对不同形式预埋件的检验要求,编制相应的检验流程操作手册(图 7-24),并做好操作手册内容的交底工作;规范管片预埋件进场检验流程标准,严格监督,对进场的不合格管片预埋件产品做到责任追溯。

(2) 优化钢模设计。对于钢模中管片预埋件定位安装的设计,在设计前应参考过去相同预埋件的设计及使用经验,借鉴成功案例,避免重复过去存在的问题;如已投入使用的钢模发现相关设计不合理,应及时与钢模生产厂家沟通,确定改进方案并落实整改。

钢模设计优化后的成型质量见图 7-25。

图 7-24 检验流程操作手册　　　　　　图 7-25 钢模设计优化后的成型质量

7.2 隧道内同步构件制作

7.2.1 同步构件预埋件定位质量控制

【问题描述】

同步构件生产中,由于钢模缺少预埋件定位点(图 7-26)、预埋件震动移位等情况,预埋件与原设计位置易发生偏差,影响安装中后续同步构件的正常使用。

图 7-26 钢模缺少预埋件定位点

【原因分析】

（1）钢模缺少预埋件定位点。设计人员与钢模厂家缺乏沟通交底,未及时结合图纸向钢模生产厂家反馈应设有的定位点,导致钢模缺少预埋件定位点。

（2）预埋件振动移位。当采用插入式振捣棒进行振捣时,由于无法清晰掌握振捣棒在混凝土内部的具体位置,如操作不当,会使振捣棒直接接触预埋件,导致预埋件因振动发生移位,使最终成型管片的预埋件定位精度出现偏差。

【预控措施】

（1）增设预埋件定位装置。设计钢模时,设计人员应当与钢模厂家及时沟通并结合图纸进行交底,确保钢模生产完成后,预埋件位置正确、不遗漏。同时,根据不同的预埋件增设定位底座、辅助固定措施等(图7-27、图7-28),以保证预埋件在混凝土浇筑时不移位。定位准确成型的预埋件见图7-29。

 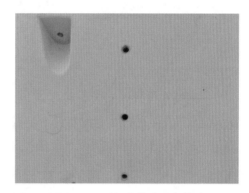

图 7-27　增设定位底座　　　　　　　图 7-28　预埋件辅助固定措施

图 7-29　定位准确成型的预埋件

（2）改善振捣工艺。如采用插入式振捣棒,应依据振捣棒的长度和振动作用有效半径,有次序地分层振捣,控制振捣棒不与预埋件直接接触,并在钢筋密集处、难振捣部位及角部采用附着式振捣。振捣时,应随时检查预埋件是否发生位移。

7.2.2 同步构件尺寸偏差控制

【问题描述】

同步构件制作时,因设计和施工问题,其尺寸精度未达到规范的要求,影响同步构件的拼装使用(图7-30)。

 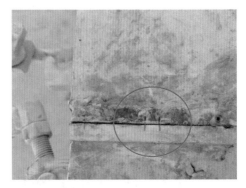

图7-30 同步构件局部尺寸偏差　　　　　图7-31 钢模精度对齐线

【原因分析】

(1)钢模在设计时未考虑精度定位装置。设计生产钢模时,设计人员缺乏同厂家的沟通交底,存在精度定位装置不足或装置缺乏的情况,导致钢模在合模使用时无法确定正确的组装位置,容易产生细微误差,导致同步构件成品出现尺寸精度上的偏差。

(2)钢模清理不到位。钢模使用完后清理不到位,钢模内外有混凝土残渣,影响下一次生产时的合模精度,从而使同步构件出现尺寸偏差。

【预控措施】

(1)增加钢模对齐线。钢模设计阶段采用新技术及 BIM 技术等手段,明确钢模精度关键控制位置,增加精度定位装置钢模对齐线(图7-31)。

(2)规范钢模清理作业。每次使用钢模后,应及时将混凝土残留物、杂物清理干净,特别是端、侧模结合处;清理完成后,应及时进行钢模尺寸的复测。

7.3 盾构始发接收地基加固

7.3.1 洞门夹层加固处理质量控制

【问题描述】

盾构始发和接收阶段,由于洞门夹层加固效果不佳,破除洞门过程中,前方水、土从间隙处涌入工作井内,造成地层水土流失,严重时引起隧道变形、断裂和地面塌陷等(图7-32、图7-33)。

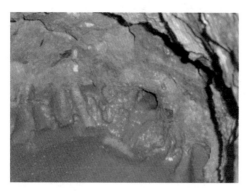
图 7-32 流砂涌出样洞

图 7-33 加固土体坍塌

【原因分析】

（1）水泥质量不符合要求。拌制地基加固浆液所使用的水泥规格、型号和强度等级等不符合设计要求，或进场后未做好防护导致水泥受潮失效，或使用过期水泥等，造成加固效果不佳。

（2）水灰比错误，水泥掺量不足。由于未根据现场地质情况进行室内配合比设计及工艺性试桩，水灰比及水泥掺量不符合设计要求，造成加固效果不佳。

（3）桩位偏差大。由于桩位测量放样或桩身垂直度偏差大，水泥系加固桩搭接长度不符合设计要求，出现薄弱环节或桩身开叉，形成渗漏通道，导致洞门处渗漏。

（4）相邻桩孔口窜浆。由于相邻两桩施工间隔时间不足或施工间距过小，导致施工中已完成桩出现窜浆现象，造成桩身强度不足。

（5）加固方式与始发地层土质不匹配，加固效果不好。

【预控措施】

1. 洞门破除前开设样洞

破除洞门前，应在洞圈范围内不同区域开设样洞，以便查看地基加固质量情况。若样洞处出现喷水、涌砂等现象，则说明地基加固效果不佳，应采取补加固措施。

2. 做好进场材料的验收、检测及保存工作

（1）制浆材料必须采用符合设计要求的水泥，每批水泥进场前必须出具合格证明，并按批次现场抽样外检，合格后方能投入使用。

（2）水泥进场后，应做好防潮处理，底部设隔层并垫高，雨天应覆盖篷布，防止水泥受潮结块。过期水泥不得使用，或重新检验合格后方可使用。

3. 进行工艺性试桩，确定水泥掺量及水灰比

（1）施工现场应根据地质情况及室内配比进行工艺性试桩，通过试验结合设计要求确定水泥掺量及水灰比。

（2）储备充足水泥浆，保证单根桩在钻进和提钻过程中浆液充足，输浆连续。单

桩施工结束后,复核施工水泥用量,保证施工过程中的水泥掺量达到设计要求。

4. 桩位线及桩身垂直度控制

(1)采用全站仪测放出控制点和边线范围,再根据设计图纸中桩位的布置形式和间距,用白灰粉放出桩位中线和外边线,并对孔位进行复核。

(2)现场配备必要的测量仪器及量测器具。桩基就位后,及时采用经纬仪或线锤测量桩基是否垂直,确保垂直度偏差控制在允许范围内。

5. 采取间隔跳孔施工

相邻两桩施工间隔时间应大于 48 h,施工间距为 4~6 m。施工中发现已完成桩有窜浆现象时,应及时加大跳孔间距和相邻桩施工时间间隔。

6. 采用质量稳定的工艺

始发、到达加固宜采用三轴搅拌桩等成熟、质量稳定的工艺,在搅拌桩和地下连续墙的夹缝部位可采用高压旋喷桩等工艺进行加固。

7. 采取合适的地基加固方式

施工前与设计、勘察沟通,采取与地质条件适合的地基加固方式。

7.3.2 含水砂层隔水帷幕质量控制

【问题描述】

含水砂层隔水帷幕是盾构始发和接收前、在地基加固基础上、在外围增加的素混凝土地下连续墙隔水帷幕,隔水帷幕分幅不合理、垂直度不佳和成槽质量等问题会影响盾构的切削,不利于盾构始发和接收。端头加固示意见图 7-34。

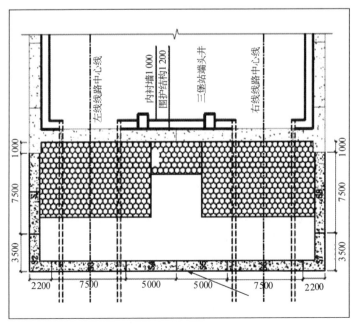

图 7-34 端头加固示意(mm)

【原因分析】

（1）素墙分幅不合理,造成接缝位于盾构切削断面内。

（2）成槽垂直度不佳,导致地下连续墙开叉,造成内外承压水未隔断,并使承压水内外连通,不利于降水施工。

（3）地下连续墙成槽质量问题。由于泥浆指标控制不好,造成地下连续墙开挖面土体不稳定,造成塌方。

【预控措施】

（1）素墙分幅应考虑盾构切削的影响,穿越段适当加宽,避免素墙接缝处于盾构断面位置。

（2）每幅地下连续墙完成成槽后,用超声波测壁仪器扫描槽壁壁面,测量地下连续墙垂直度及成槽状态(图7-35),并对地下连续墙成槽质量进行评价。每孔(抓)至少应检测开挖面、迎土面垂直度和成槽深度;超声波检测成槽垂直度若不满足要求,应马上进行垂直度修正,且必须经过超声波复测合格后方可进入下道工序。

图7-35 超声波测壁仪器扫描槽壁壁面

（3）控制泥浆的物理力学指标,保证成槽时槽段土体稳定。选用黏度大、失水量小、形成护壁泥皮薄而韧性强的优质泥浆,确保槽段在成槽机械反复上下运动过程中土壁稳定,并根据成槽过程中土壁的情况变化选用外加剂,调整泥浆指标,以适应其变化。

地下连续墙槽段护壁泥浆指标检测见图7-36。

图7-36 地下连续墙槽段护壁泥浆指标检测

7.4　盾构始发接收冻结加固

7.4.1　垂直钻孔防钻具脱落控制

【问题描述】

冻结孔施工过程中钻具脱落，影响正常施工进度。如果脱落钻具没有打捞出来，遗留在盾构机掘进地层范围内，在盾构始发或接收时，会有盾构机刀盘磨损、卡阻及螺旋机卡阻等隐患，造成盾构机掘进困难(图7-37、图7-38)。

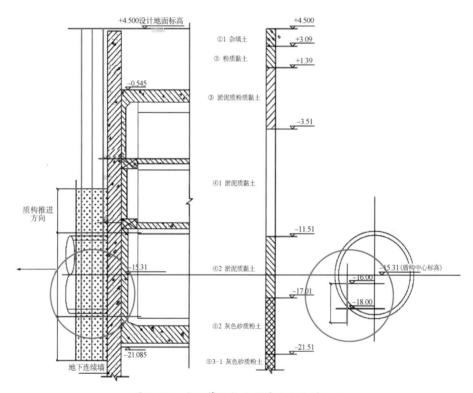

图7-37　岩心管及钻头脱落洞门位置(m)

图7-38　钻具脱落处理现场

【原因分析】

1. 地层复杂,泥浆使用不好

含硬石块、钢筋混凝土块等杂物的地表回填层、砂层、卵石层、风化硬岩层等,钻孔施工难度大,特别是在泥浆使用不好的条件下,护壁性能差,易造成塌孔,成孔困难。

2. 钻孔设备选型及钻具组合不合理

(1) 设备功率小,施工能力差。

(2) 钻具强度小、挠度大、易变形,钻孔施工时垂直导向差,容易造成钻孔偏斜,导致钻具阻力增大,钻具扭断脱落孔内。

3. 钻具及钻具接头丝扣磨损老化

在复杂地层中进行钻进施工时,因阻力增大出现钻杆断裂或接头丝扣脱开现象,造成钻具脱落事故。

【预控措施】

(1) 针对含硬石块、钢筋混凝土块等杂物的地表回填层、砂层、卵石层、风化硬岩层等复杂地层,冻结孔施工过程中漏水严重、成孔困难,钻孔时要根据地层特性配制好不同黏度的泥浆,提高泥浆护壁效果,减少钻进阻力,保证成孔质量。

(2) 针对含硬石块、钢筋混凝土块等杂物的地表回填层、卵石层及较硬岩层等,选择较大功率的钻机、可钻性适宜的钻头。

(3) 为保证钻孔施工质量,防止钻孔偏斜及钻具脱落事故,应选用一定直径且刚度大的钻杆及配重管。

(4) 每个钻孔施工前,应及时检查钻具及钻具接头丝扣磨损老化情况,及时更换磨损老化严重的钻具。

垂直钻孔正常施工见图 7-39。

图 7-39　垂直钻孔正常施工

7.4.2　水平钻孔涌水涌砂控制

【问题描述】

水平冻结加固钻孔施工过程中,钻孔涌水涌砂会造成地层土体损失、原始地层扰动,导致地面沉降、断管及后期冻胀融沉增大,影响土体冻结加固质量,增加盾构始发、接收风险(图7-40)。

【原因分析】

(1)地层复杂。地层软硬不均、含承压水或障碍物等,钻孔施工过程中需取芯钻进清除障碍物,容易造成大量泥水漏失。

(2)地下连续墙与内衬墙之间缝隙漏水。布置在地下连续墙与内衬墙上的冻结孔,在钻机开孔至原始地层时,承压水会通过地层与地下连续墙、地下连续墙与内衬墙之间的缝隙流出,发生漏砂漏水风险。

图 7-40　钻孔时涌水涌砂

(3)孔口密封装置及单向阀漏水。孔口密封装置不密封、安装不牢固,孔口管与球阀、球阀与压紧装置之间钻孔时漏水。在高承压水地层中钻进时,选用的单向阀压力低于水土压力导致漏水。

(4)施工人员技术水平低、设备不配套。由于钻孔操作人员技术水平低、作业不熟练及钻孔设备功率低等,钻进时旁通阀必须打开放水泄压方可钻孔进尺,造成大量泥水漏失。

【预控措施】

(1)水平钻孔施工前,用双快水泥或聚氨酯封堵洞圈内地下连续墙与内衬墙之间的缝隙至不渗水。

(2)承压水层钻进前,首先对安装好的孔口管进行打压试验,确认孔口管安装牢固且不渗水后,方可进行钻进施工。

(3)保证孔口密封装置及单向阀加工质量。针对不同深度承压水层,选择满足承压水压力的孔口密封装置及单向阀。

(4)冻结孔施工结束后,及时注浆,封堵冻结孔与管片之间的缝隙;拆除孔口密封装置后,及时将冻结管与孔口管间隙焊接密封。

图 7-41　水平钻孔正常施工

(5)钻孔设备选择配套合理,操作人员技术素质满足工程施工需要。

水平钻孔正常施工见图7-41。

7.4.3　冻结管拔管质量控制

【问题描述】

水平或垂直冻结管起拔困难或断裂(图 7-42),造成拔管时间长,会产生冻结壁融化漏水的风险。如果断管拔不出,会造成盾构机始发或接收掘进时的卡阻风险。

【原因分析】

(1)水泥浆影响。在水平或垂直钻孔施工过程中,不可避免地会遇到邻近范围内同时进行注水泥浆作业的情况。要采取防止水泥浆进入待拔冻结管周边区域的措施,避免水泥浆凝固后拔管困难或拔不出。

(2)断管。当出现地层不均匀冻胀、冻结管接头焊接质量差或解冻盐水初始温度太高等情况时,冻结管起拔会发生断管脱落孔内的风险。

(3)冻结管起拔困难。冻结管周围冻土化冻不彻底或起拔设备起吊能力不足,会造成冻结管起拔困难或拔不出。

【预控措施】

(1)合理安排冻结孔施工顺序,防止注浆时水泥浆进入冻结管周围。

(2)编制科学可行的防断管措施,保证冻结孔施工时,严格执行到位。

(3)解冻拔管时,解冻供液管应下放到孔底,由低温到高温逐步加热,试拔成功后方可正常拔出。严禁高温盐水直接进入孔内造成断管。

(4)现场提前准备断管打捞工具,以备应急使用。

(5)根据施工场地内起吊距离及冻结孔深度,选择具有相应能力的起吊设备。

正常拔管施工见图 7-43。

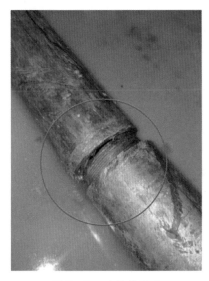

图 7-42　冻结管断裂　　　　　　　图 7-43　正常拔管施工

7.4.4 盾构机壳、刀盘防冻控制

【问题描述】

在盾构机始发或接收掘进冻结加固土体时,由于盾构机遇到故障停机或刀盘卡阻不能旋转,一定时间后,刀盘会被冻住而不能继续掘进。刀盘被冻住后人工开挖解除见图7-44。

图 7-44　刀盘被冻住后人工开挖解除

【原因分析】

1. 盾构机刀盘未解锁

盾构机刀盘与其他系统停机保护未解锁,当盾构机其他系统出现故障停机时,盾构机刀盘停止旋转而被冻住。

2. 盾构机推进参数选择不合理

(1)盾构机推进速度快、给进推力过大,刀盘卡阻不能旋转而被冻住。

(2)盾构机进行管片拼装或注浆等其他作业时,停机时间过长,盾构机刀盘被冻住。

3. 防冻措施不到位

推进过程中,刀盘后土仓内的冻土没有及时排出或解冻,低温破碎的冻土又重新冻结在一起,加快了刀盘在停止旋转后被冻住的速度。

【预控措施】

(1)做好盾构机在冻土掘进前的维修保养,保证盾构机处于最佳掘进状态。

(2)盾构机刀盘在冻土中掘进时,解除刀盘旋转系统与其他系统制动停机联锁,保证盾构机刀盘始终处于设定的旋转速度。

(3) 合理选择盾构机掘进参数,设置推进速度、推力最大控制值,防止盾构机掘进时出现卡阻现象,保证盾构机刀盘始终处于设定的旋转速度。

(4) 盾构机在掘进冻土过程中,要不间断地向土仓内加入比重不小于 1.15 的氯化钙盐水溶液,及时排出破碎冻土,防止再次冻结。

(5) 在盾构拼装工作面准备蒸汽发生器,发生冻机卡阻后,打开人行舱门灌注高温蒸汽对冻土进行化冻。

7.5 盾构始发、接收与洞门防护

7.5.1 盾构后靠、支撑位移及变形控制

【问题描述】

盾构始发过程中,由于盾构推力过大、自身强度不够或间隙填充不密实等问题,盾构后靠、支撑体系局部变形、断裂或位移过大,严重时造成管片碎裂、轴线超标、十字错缝、渗漏水和管片错台等情况(图 7-45、图 7-46)。

图 7-45　开口环后靠布置　　　　图 7-46　短撑屈服变形

【原因分析】

(1) 盾构推力过大。受千斤顶编组影响,盾构后靠受力不均匀、不对称,产生应力集中。

(2) 后靠支撑体系强度、刚度不够。组成后靠体系的部分构件强度、刚度不够或各构件的连接处焊接强度不够。

(3) 后靠与负环管片间填充不密实。各构件连接处需采用素混凝土或水泥砂浆填充缝隙时,填充不密实或材料强度不够、结合面不平整。

【预控措施】

(1) 推进过程中合理控制盾构的总推力,千斤顶编组合理、均匀受力。

(2) 负环管片设置开口环时,尽快安装上部后靠支撑构件,完善整个支撑体系,

以便开启盾构上部千斤顶,使后靠支撑系统受力均匀。

(3) 对系统的各构件进行强度、刚度校验,对受压构件作稳定性验算,确保连接强度和焊接质量。

(4) 采用强度等级符合设计要求的素混凝土或水泥砂浆作为填充材料,除填充密实外,还必须做好现场养护工作。

7.5.2　盾构始发和接收洞圈防渗漏控制

【问题描述】

盾构始发和接收时,由于大量土体从洞口流入井内,洞口外侧地面产生大量沉降,危及周边管线和建筑物的安全(图 7-47、图 7-48)。

图 7-47　盾构接收涌水涌砂　　　　　图 7-48　盾构始发铰链板处喷涌

【原因分析】

(1) 地基加固质量不佳。洞口土体加固质量不好,强度未达到设计或施工要求而造成塌方;或者加固不均匀,隔水效果差造成漏水、漏泥现象。

(2) 洞门密封装置失效。盾构始发时,洞门密封装置安装不好,弧形板防翻强度不够,造成帘布橡胶板外翻或损坏。

(3) 盾构机始发过程中,后方止水环箍跟进不及时。

【预控措施】

1. 加固土体强度和均匀性

(1) 采用合理的加固方法达到所需的加固强度,保证加固土体的强度均匀。

(2) 在洞门拆除前必须具备土体取芯报告或冻结分析报告。

(3) 洞门拆除前,开设不少于 9 个样洞,对加固体强度、均匀性和止水情况等进行检查。

2. 洞门密封装置安装准确

(1) 在盾构推进过程中注意观察,防止盾构刀盘的周边刀具割伤橡胶密封圈。

刀具上可涂润滑油增加润滑性。

（2）洞门的扇形钢板要及时调整，改善密封圈的受力状况。

7.5.3 盾构始发和接收洞口止水钢箱控制

【问题描述】

盾构始发、接收时，在常规的铰链板结合帘布橡胶板基础上，增加止水钢箱来增强洞门止水效果。止水钢箱安装后，由于箱体密封未完善，或箱体内油脂压注不充分，土体会流失，引起周边建筑物和管线沉降（图7-49—图7-51）。

图 7-49　安装完成后的始发止水钢箱　　图 7-50　盾构始发后止水钢箱渗漏

图 7-51　安装完成后的接收止水钢箱

【原因分析】

（1）止水钢箱加工质量不佳。分块焊接组装过程中未能加强监造，存在假焊虚焊，建立推进压力后造成止水钢箱漏水、漏泥。

（2）箱体内油脂压注不充分。盾构始发和接收进入箱体后,通过车站平台安装的盾尾油脂泵,对止水钢箱内的两道帘布橡胶板和铰链板之间的空腔进行油脂填注,但由于箱体上油脂压注点位设置不充分,未形成闭合,产生了渗漏通道。

【预控措施】

1. 止水钢箱焊接点探伤检查

（1）采用磁粉探伤进行焊接点检查,保证焊接质量满足要求,止水钢箱密闭性可靠。

（2）在盾构始发和接收前,必须具备止水钢箱探伤报告。

2. 增加油脂压注点位和计量钢箱内油脂压注量

（1）盾构机进入钢箱后,进行油脂压注,通过止水钢箱上压力表或泄压阀判断是否交圈,可按实际情况适当增加止水钢箱上油脂压注点位。

（2）对止水钢箱内实际油脂压注量与理论压注量进行比较,保证压力和数量双控。

7.5.4 始发段轴线偏差控制

【问题描述】

盾构始发段轴线由于地层土质差、加固土体强度太高或太低,未及时安装上部后盾支撑,始发段推进轴线上浮,隧道设计轴线偏差较大(图 7-52、图 7-53)。

图 7-52 轴线偏差引起隧道错台　　图 7-53 轴线偏差造成管片破损

【原因分析】

（1）始发段原状土地基承载力差,盾构出加固区后,正面土质突变,容易造成盾构姿态突变。

（2）盾构正面平衡压力设定过高,导致正面土体拱起变形,引起盾构轴线上浮。

(3) 未及时安装上部后盾支撑,使上半部分的千斤顶无法使用。当推力集中在下部时,盾构受到一个向上力矩的作用,导致盾构沿着向上的趋势偏离轴线。

【预控措施】

(1) 出加固区时及之后,及时调整平衡压力值。待盾构出加固区后,为防止由于正面土质变化造成盾构姿态突变,必须按工况条件及时调整平衡压力值,必要时对正面土体进行改良。

(2) 正确设定加固区盾构正面平衡压力值。始发后,盾构机处于加固区域,正面土质较硬,为控制推进轴线、保护刀具,在这段区域施工时,平衡压力设定应略低于理论值,推进速度不宜过快。

(3) 及时安装负环上部支撑。当盾构始发阶段采用开口环方式进行推进时,待盾构机完全进入土体、零环露出盾尾时,及时安装上部八字撑及横撑,重新调整盾构千斤顶编组,使管片全环受力、减少推力集中现象,以控制盾构始发段轴线偏差。

(4) 始发负环可以采用满环形式安装。

(5) 出加固区后,及时跟进同步注浆,并合理控制同步注浆配比,及时形成环箍。

7.5.5 接收段轴线偏差控制

【问题描述】

盾构接收段轴线由于基座设计不合理、洞口处建筑间隙无法及时填充和纠偏不及时等,出现轴线偏差,影响隧道的有效净尺寸(图 7-54、图 7-55)。

图 7-54 接收端隧道错台

图 7-55 接收段基座

【原因分析】

(1) 基座设计不合理。盾构接收时,由于接收基座中心夹角轴线与推进轴线不一致,盾构姿态产生突变,使盾尾内或环管片位置产生相应的变化。

(2) 洞口处建筑间隙无法及时填充。最后两个环管片在脱出盾尾后,由于洞口处无法及时填充空隙,管片产生沉降。

【预控措施】

1. 接收基座设置

(1) 合理设置盾构接收基座,使盾构机下落时距离不超过盾尾与管片的建筑空隙。

(2) 保证盾构接收基座安装完成时,中心夹角轴线与隧道设计轴线方向一致。

2. 增加接收段管片抗变形能力

(1) 最后几环管片拼装时,上半圈部位用槽钢连接,增加隧道刚度。

(2) 及时复紧管片的拼装螺栓,提高抗变形的能力。

3. 拉紧装置

及时施做管片拉紧装置。

7.6 盾构掘进与管片拼装

7.6.1 盾构掘进连续轴线偏差控制

【问题描述】

由于盾构超挖或欠挖,同步或二次注浆量不足、浆液不饱满,周边环境和设备故障或轴线数据输入错误等情况,管片会上浮或下沉,造成连续轴线超出《盾构法隧道施工及验收规范》(GB 50446)的验收标准范围,情况严重时造成隧道侵限(图 7-56)。

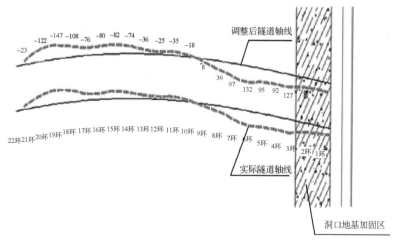

图 7-56 隧道轴线连续偏差(mm)

【原因分析】

(1) 盾构超挖或欠挖。盾构推进过程中,断面过量超挖或欠挖,造成盾构在土体内姿态不好,导致轴线产生过量偏离。

（2）同步或二次注浆量不足、浆液不饱满。注浆量不够或浆液质量不好,泌水后会引起隧道沉降,影响推进轴线。

（3）周边环境。隧道周边存在较大的卸载或堆载情况(图7-57),造成土压改变,引起隧道上浮或变形。

图7-57 隧道周边卸载或堆载

（4）设备故障或轴线数据输入错误。盾构机自带测量系统出现故障或测量人员在盾构测量系统中输入的轴线控制数据存在错误,导致盾构掘进轴线与设计轴线存在较大偏差。

【预控措施】

1. 严格控制超挖或欠挖

（1）严控超挖。严格控制盾构机超挖刀开启的时间,伸缩量不宜过大。

（2）根据理论计算值,结合现场监测情况合理设定土仓压力值,停机过程中采取合理保压措施,严控出土量。

（3）根据姿态变化情况及时调整各分区油压,做到勤纠、缓纠,左右区域千斤顶力差及相邻两区域千斤顶力差不宜过大,防止盾构蛇形推进,以此保证减小对土体的扰动。

2. 准确确定注浆量和注浆压力

（1）提高拌浆质量,保证压注的浆液强度。

（2）及时、同步进行注浆,注浆应均匀,根据推进速度的快慢适当地调整注浆的速率,尽量做到与推进速率相符。

3. 对周边环境加强监管

加大对区间隧道周边环境的监管力度,严格管控隧道周边施工,减少对隧道的影响。同时加强监测,发现异常及时采取措施。

4. 加强测量管理

及时跟测成型隧道轴线数据,指导调整盾构掘进参数,确保成型隧道轴线偏差符合设计要求。加强人工测量频率,对自动测量系统的准确性进行复核。

7.6.2 小半径隧道轴线偏差控制

【问题描述】

小半径隧道盾构掘进(图7-58、图7-59)过程中,由于盾尾间隙不足、纠偏量过大、分区油压差悬殊等情况,盾构推进轴线过量偏离隧道设计轴线,使成环隧道质量难以控制。

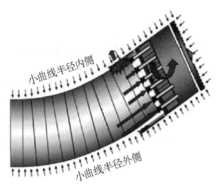

图 7-58 小半径隧道盾构掘进

图 7-59 小曲线半径成型隧道

【原因分析】

1. 盾构间隙不足

（1）小半径隧道施工中,当盾构由直线段进入曲线段时,往往会出现管片超前于盾构机转弯、隧道内侧的盾尾间隙相对较小的现象,如不采取有效措施,小曲线半径内侧管片将紧贴盾构机外壳,导致盾尾跟管片间发生挤压,管片产生变形、碎裂。

（2）由于小半径隧道内侧管片对盾尾的限制作用,在纠偏时盾尾平面变化将很小,这样易造成管片外弧面碎裂。

2. 纠偏量过大

（1）盾构纠偏会造成盾尾与管片间的挤压摩擦,使小曲线半径内侧管片外弧面碎裂或管片产生变形,形成竖鸭蛋形状。

（2）一次纠偏量过大时,会出现盾构逐渐偏离轴线的现象。

3. 分区油压差悬殊

左右分区油压差越悬殊,盾尾对管片外弧面造成的摩擦力越大。当外弧向前方作用的摩擦力大于作用于小曲线半径内侧管片环面上的千斤顶作用力时,管片会被盾尾外拉开裂。

【预控措施】

（1）采用超挖刀。通过开启超挖刀,对隧道断面小曲线半径内侧部分进行超挖,从而达到盾构纠偏的效果。

（2）采用铰接千斤顶。通过铰接千斤顶改变盾构切口的切削方向,达到盾构纠偏的目的。

（3）增加管片小曲线半径外侧的注浆量。防止管片在小曲线半径内侧盾尾挤压作用下产生整体向外位移。

（4）提前进行纠偏。当盾构由直线段进入曲线段时,进行割线掘进来避免进入曲线段后的大幅度纠偏。

（5）减少摩擦力。对盾壳内侧涂抹润滑油以减小盾尾与管片间的摩擦力。

7.6.3 盾尾渗漏防范控制

【问题描述】

盾构施工中,盾尾位置发生渗漏(图7-60),造成拼装工作面泥水淤积,产生盾构姿态变化、管片错台变形、管片碎裂和地面沉降等现象。

【原因分析】

(1) 隧道上浮。盾构机在推进过程中,隧道受到外界水土的作用,有上浮现象,造成盾尾间隙偏向一侧,盾尾刷压密量不够,引起盾尾渗漏泥水。

(2) 隧道椭圆度大。隧道上下压力差造成隧道上浮,"横鸭蛋"变形。管片之间的错台现象严重,尤其是底部。由于横鸭蛋变形幅度较大,造成盾尾间隙增大,局部位置的密封性降低,造成盾尾渗漏隐患。

(3) 盾尾油脂压注不充分。盾尾油脂压注未能根据土层的变化、地下水的分布、隧道变形等情况及时调整压注量和压注部位,造成盾尾刷止水效果降低。

【预控措施】

(1) 进行成型隧道双液注浆形成环箍,稳定隧道,减少上浮量。必要时管片进行纵向刚性拉结。

(2) 在管片外弧面临时增加两道止水海绵。

(3) 拼装时在管片迎千斤顶面和千斤顶之间加装一道防水钢板。

(4) 拼装过程中严格控制成环管片姿态,确保隧道圆度。

(5) 盾尾油脂注入量、压注部位根据实际工况进行调整。

盾尾处海绵和弧形防水钢板封堵见图7-61。

图 7-60　盾尾漏浆

图 7-61　盾尾处海绵和弧形防水钢板封堵

7.6.4 盾尾油脂压注控制

【问题描述】

盾构施工中,在始发前、推进中和盾尾发生渗漏等不同工况下,由于没有合理选择盾尾油脂加注方法,盾构油脂充填不饱满,使得盾尾钢丝刷和钢板刷磨损加快,产生盾尾渗漏施工风险(图7-62)。

【原因分析】

(1)始发前盾尾刷处油脂充填。盾尾刷首次涂抹油脂时没有使用手涂型盾尾油脂；或使用了手涂型盾尾油脂后，未将盾尾油脂球置入尾刷各层间的最底部；或向油脂中添加过多汽油等有机溶剂稀释后使用，使盾尾油脂物理特性发生较大改变而影响油脂涂抹的质量。

(2)负环管片拼装前后盾尾油脂充填。在负环管片完成拼装前后，由于未向盾尾油脂仓内注入足量的泵送型盾尾油脂(图7-63)，油脂未能完全充填盾尾油脂仓，造成后期盾尾刷磨损加快，盾尾局部位置的密封性降低。

(3)盾尾漏浆后盾尾油脂压注。盾尾漏浆后未按照先内圈后外圈的顺序进行油脂压注，或未选用微膨胀型号的盾尾油脂进行压注以加强止水效果。

图7-62　盾尾刷处油脂充填　　　图7-63　盾尾油脂泵

【预控措施】

1. 盾尾刷首次涂抹油脂

首次涂抹时应使用手涂型盾尾油脂，且将盾尾油脂球置入尾刷各层间的最底部；如需要向油脂中添加汽油等有机溶剂稀释，应注意观察盾尾油脂黏度等变化后再使用(图7-64)。

图7-64　手涂型盾尾油脂球

2. 负环管片拼装前后盾尾油脂系统压注检查及空腔充填

(1)负环管片拼装前,对盾构机盾尾油脂系统压注部位进行全面的调试和检查。在调试过程中,要密切观察盾尾油脂腔内各个油脂注入点的油脂挤出情况和泵送压力的差异。始发前,必须完全排除盾尾油脂注入系统存在的故障和隐患,尽量确保各个油脂孔的出脂都比较均匀。

(2)负环管片拼装完成后,向盾尾油脂仓内注入足量的盾尾油脂,且必须充填密实。可在负环管片吊装孔处于盾尾油脂仓位置时,打穿负环管片吊装孔以观察油脂挤出情况来判断盾尾油脂的充填程度。

(3)发生漏浆后必须进行漏浆处局部油脂压注。优先选用微膨胀型号的盾尾油脂,按照先内圈后外圈的顺序进行压注。

7.6.5 承插式连接管片拼装质量控制

【问题描述】

管片拼装时,承插式连接管片纵向预埋件中,纵缝水平销式接头定位不准确,造成插入碰撞后接头破损,或管片有前后倾斜角度,插入不到位造成错台;环向预埋件中,环缝阴阳连接件拼装时由于作业不规范、定位误差等问题,阳型连接件插入到阴型连接件的深度不够,导致连接件无法发挥抗拉作用(图7-65、图7-66)。

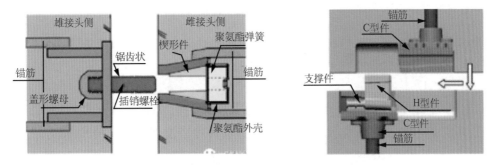

图7-65 承插式连接管片纵(左)、环(右)向预埋件

图7-66 管片拼装工作面就位

【原因分析】

（1）管片选型不合理，导致盾构与管片之间建筑空隙不足，承插式连接管片拼装时产生接头破损及管片错台。

（2）拼装作业不规范。拼装时未检查封顶块预留间隙，造成拼装困难，管片插入不到位。

（3）管片环面不平整。前一环管片的环面不平，使后一环管片单边接触，拼装后造成管片受力不均匀，管片环缝渗漏水或局部碎裂。

【预控措施】

（1）应根据上一衬砌环姿态、盾构姿态、盾尾间隙等合理选型、及时调整管片排序。

图 7-67　成环隧道

（2）通过加贴衬垫调整管片姿态，预留足够的拼装间隙。

（3）规范操作，注重拼装过程。拼装封顶块前预留间隙，对两块管片拼装姿态进行调整，确保封顶块留有足够插入的空间。

（4）加贴传力衬垫，找平环面。拼装前检查上一环环面平整度，发现环面不平整时及时加贴衬垫予以纠正。

成环隧道见图 7-67。

7.6.6　成型隧道管片质量控制

【问题描述】

区间隧道成型管片由于选型不合理、拼装作业不规范、环面不平整、注浆孔位置不正确等，出现超过规范要求的环、纵向错台及管片错位、碎裂、缺角、裂缝等质量问题（图 7-68—图 7-70）。

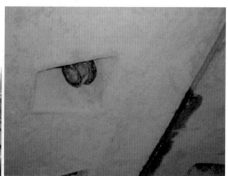

图 7-68　区间隧道管片环、纵向错台

图 7-69　管片十字错缝错位

图 7-70　管片连续碎裂

【原因分析】

(1) 管片选型不合理,导致千斤顶行程差过大、盾构间隙不足,产生管片错台及碎裂。

(2) 拼装作业不规范,拼装前未清理盾尾杂物,拼装完成后未及时复紧管片螺栓。

(3) 管片拼装时相互位置错动,管片环面不平整,管片与管片间没有形成面接触,盾构推进时在接触点处产生应力集中而使管片的边角碎裂。

(4) 前一环管片的环面不平,使后一环管片单边接触,在千斤顶的作用下形同跷跷板,管片受到额外的弯矩而断裂。

(5) 注浆孔位置选择不合理,注浆不对称、不平衡,导致管片单侧浮力较大,或引起管片上浮,造成错台。

(6) 同步注浆跟进不及时或浆液及凝结时间不满足要求,导致管片上浮,造成管片破损。

【预控措施】

1. 合理选型,及时调整管片排序

(1) 在施工过程中,依据实际施工情况,根据不同类型的管片设计参数,选择类型合理的管片,保证管片轴心与盾构机轴心一致。

(2) 应根据上一衬砌环姿态、盾构姿态和盾尾间隙等确定管片排序。

(3) 根据排列环片及实际施工的情况,合理调整隧道管片排序。

2. 规范操作,注重拼装过程

(1) 拼装前清理干净盾尾杂物,拼装过程中严格控制管片的垂直度、整圆度以及纠偏过程中转弯管片的拼装位置,拼装完成后及时复紧管片螺栓。

(2) 加强对拼装管片的检查验收,表面有裂纹或边角破损的管片如满足修补要求,应及时进行修补。

3. 加贴传力衬垫,找平环面

拼装前检查上一环环面平整度,发现环面不平整时,及时加贴衬垫予以纠正。

4. 合理布置注浆孔,控制注浆量及压力

(1) 同步注浆浆液性能应满足盾构施工要求。严格控制同步注浆的时间、注浆压力及注浆量,并及时进行二次注浆。

(2) 注浆时注意注浆孔的分布位置,使管片受力均匀,及时复紧管片螺栓。

7.6.7 成型隧道管片防渗漏控制

【问题描述】

由于管片缺陷、防水制作不到位和管片运输磕碰等,成型隧道管片环纵缝、螺栓孔和注浆孔等存在渗漏水现象(图 7-71、图 7-72)。

图 7-71 管片螺栓孔渗漏水   图 7-72 管片环缝渗漏水

【原因分析】

(1) 管片缺陷。管片生产过程中,管片表面有砂眼、气孔、收缩裂纹与裂缝、保护层不够、预留孔偏差等质量缺陷,导致区间隧道中出现管片渗漏水。

(2) 防水制作不到位。管片防水制作中,传力衬垫、防水止水条粘贴不到位;已粘贴好的管片长期暴露在阳光、雨水中,导致传力衬垫、防水止水条脱落或失效。

(3) 管片运输磕碰。由于成品防护措施不当,管片在吊装运输及堆放过程中出现缺边掉角、裂纹和防水止水条脱落等缺陷。

(4) 管片安装过程中出现开裂渗漏。管片拼装前上一环管片的杂物未清理干净,同步注浆和二次注浆不到位。

【预控措施】

1. 管片生产制作过程中严把质量关

(1) 严格按工艺要求及生产流程制作管片,减少砂眼、气孔和收缩裂纹与裂缝等缺陷的产生。

(2) 针对已出现的缺陷,可在管片表面喷涂水泥基渗透结晶型防水涂料,提高管片防水性能。

(3) 加强拼装管片的检查验收,对表面有裂纹或边角破损的管片及时进行修补,不能满足修补要求的应退回或弃用。

管片标准化生产见图 7-73。

图 7-73　管片标准化生产

2. 管片防水密封质量控制

(1) 管片防水密封质量应符合设计要求,不得缺损,传力衬垫、防水止水条应黏结牢固、平整,不得遗漏防水垫圈。

(2) 严格控制管片传力衬垫及防水止水条的粘贴质量,对出现鼓包、脱落等问题应及时整改,保证粘贴厚度均匀。

3. 规范管片堆放、运输

(1) 管片堆放场地应平整,地基坚实,并作硬化处理,避免管片堆放后地基发生沉降。

(2) 管片堆放应采用料架或一定厚度的垫木,避免管片直接接触地面而造成破坏。堆放高度不超过 3 层,层间垫木必须结实可靠。

图 7-74　管片规范化吊运

(3) 管片吊运应采用吊带或规定的索具,不得采用钢丝绳直接吊运。吊运时须由专人指挥,注意观察,避免管片因挤压、碰撞等造成缺边掉角等。

管片规范化吊运见图 7-74。

4. 防开裂

加强管片安装防开裂措施。

7.7　土压平衡盾构掘进

7.7.1　盾构开挖面平衡压力控制

【问题描述】

正面阻力过大、平衡压力的过量波动、螺旋机出土不畅等典型的施工问题,导致正面土体塌陷(图7-75)或隆起,由此造成地面建(构)筑物及管线沉降,增加了施工风险。螺旋机出土不畅后清理出的障碍物见图7-76。

图 7-75　盾构前方地面坍塌　　　　图 7-76　螺旋机出土不畅后清理出的障碍物

【原因分析】

(1) 正面阻力过大。盾构刀盘的进土开口率小、螺旋机出土不畅等因素造成正面阻力过大,推进困难,导致地面隆起变形。

(2) 平衡压力发生异常波动。在盾构推进过程中,推进速度与螺旋机旋转速度不匹配、管片拼装过程中发生盾构后退而使开挖面平衡压力下降等因素造成盾构正面平衡压力发生异常波动,与理论压力值或设定压力值的偏差较大。

(3) 渣土改良效果不好。

【预控措施】

1. 合理选型,开口率满足出土要求

盾构选型前,应根据地质勘察报告详细了解盾构推进断面土质情况,合理选型,确保刀盘与土层的适应性。

2. 加强螺旋机动态管控

(1) 当土体强度高、螺旋机出土不畅时,在螺旋机或土仓中适量地加注水或泡沫等润滑剂,提高出土的效率。

(2) 当土体很软、出土很快,影响平衡压力的建立时,适当关小螺旋机的闸门,保持平衡压力的建立。

（3）螺旋机打滑时，提高盾构开挖面平衡压力的设定值，提高盾构的推进速度，使螺旋机正常进土。

3. 规范操作，正确设定各项参数

（1）正确设定平衡压力值以及控制系统的参数，使推进速度与螺旋机的出土能力相匹配。

（2）管片拼装作业时，要正确伸缩千斤顶，严格控制油压和伸出千斤顶的数量，确保拼装时盾构不后退。

7.7.2　盾构铰接防渗漏控制

【问题描述】

由于盾构机前后壳体偏心、浆液侵入密封装置、铰接疲劳和密封注脂孔堵塞等，地下水、泥及同步注浆浆液从盾构的铰接密封装置渗漏进入盾壳和隧道内，严重影响工程进度和施工质量，甚至会对工程安全带来影响（图7-77、图7-78）。

图7-77　盾构铰接渗漏　　　　　　　　图7-78　铰接油缸机械锁定

【原因分析】

（1）盾构壳体前后偏心，使相互之间空隙局部过大，超过密封装置的密封功能界限。

（2）密封装置受偏心的盾构壳体过度挤压后，产生塑性变形，失去弹性，密封性能下降。

（3）铰接密封装置内由于侵入浆液并结硬，密封件的弹性丧失，密封性能下降。

（4）盾构铰接反复开启，产生疲劳，使密封件错台，铰接密封变形，密封性能下降。

（5）密封注脂孔堵塞或应急气囊质量不好，对铰接密封起不到应急保护作用。

【预控措施】

（1）严格控制盾构推进的纠偏量，尽量使盾构机铰接四周的建筑空隙均匀一致，减小盾构壳体对铰接密封刷的挤压。

(2)及时、保量、均匀地压注盾尾油脂，避免同步注浆浆液或二次注浆浆液进入盾构铰接部位。

(3)控制盾构铰接开启频率，避免盾构产生铰接疲劳失效现象。

(4)提前检查铰接密封注脂孔，采用密封性能优质的应急气囊，做好应急气囊前期调试，确认气囊有效性。

(5)盾构机进场前，检查铰接密封措施的有效性，并在盾壳铰接前后位置设置应急注浆孔。

7.7.3　螺旋机防喷涌控制

【问题描述】

盾构推进、螺旋机出土时，由于螺旋机内无法形成土塞，出土口喷涌。若处置不及时将发生正面土压迅速下降，发生地面沉降、隧道及盾构机沉降等险情(图 7-79)。

图 7-79　螺旋机出土口喷涌

【原因分析】

(1)开挖面地层复杂，含水量较大。当土层为上软下硬时，由于单环推进时间长，螺旋机无法形成很好的土塞效应而造成喷涌。

(2)江河底部隔水土层被击穿。盾构穿越河底时，由于河底地形复杂、含水多，隔水层一旦被击穿，将发生螺旋机出土口喷涌。

(3)砂土层推进。砂土层盾构推进时，若泡沫使用不当，超挖后，砂土和水将快速通过螺旋机输送出而造成喷涌。

【预控措施】

1. 排摸地质情况

(1)通过地质勘察报告，排摸地质情况，必要时进行补勘，确认上软下硬地层的位置和长度。

(2)盾构推进时不断观察出土情况，及时调整掘进参数，控制出土量，防止超挖。

2. 螺旋机针对性设计

(1)盾构穿越江河且地质情况复杂时，考虑在螺旋机壳体上增设加泥加水孔以改善土体流动性，必要时可通过加泥加水孔进行纳基膨润土或高分子聚合物等加注，使螺旋机填充密实，快速产生土塞效应，防止和控制水气土结合，避免在螺旋机处发生喷涌现象。

（2）螺旋机上部预留应急孔法兰,螺旋机间增设球阀。若出现喷涌现象持续、无法正常恢复施工的情况,通过关闭球阀、法兰盘上的外接保压泵,可恢复施工。

螺旋机出土口改造见图 7-80。

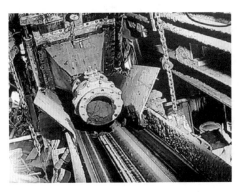

图 7-80　螺旋机出土口改造

3. 对砂性土体进行改良

采取加大扭矩、减小速度等调整掘进参数的方法;或加入高浓度泥浆或泡沫以改善土体的和易性,使土体中的颗粒和泥浆成为一个整体。多加一些膨润土,加强黏土和易性。

7.8　泥水平衡盾构掘进

7.8.1　正面平衡压力防过量波动控制

【问题描述】

在泥水平衡盾构推进及拼装过程中,排泥口堵塞(图 7-81)、设备故障和盾构停止推进时间较长等原因导致开挖面的泥水压力发生异常波动,与理论压力值或设定值发生较大偏差,排泥流量严重失调,从而破坏开挖面的泥水平衡。

图 7-81　泥水仓排泥口堵塞

【原因分析】

（1）排泥口堵塞。盾构土仓的土体中含有大的块状障碍物或土仓内搅拌机搅拌不匀,导致吸泥口沉淀物过量聚集,造成排泥口堵塞,排泥不畅。

（2）设备故障。泥水管路输送泵故障,致使排泥流量小于送泥流量。

（3）盾构停止推进时间较长。正常情况下,盾构停止推进的时间较长,开挖面平衡压力会有所下降。

（4）泥水指标不符合要求,不能有效形成盾构开挖面的泥膜。

【预控措施】

（1）在盾构的排泥吸口处增加搅拌机或粉碎机,保证吸口的通畅;排泥泵前的过滤器要经常进行清理,保证不被堵塞。

（2）确保搅拌机正常运行,使拌合均匀。

（3）定期对泥水输送管路及泵等设备进场保养检修,确保泥水输送通畅。

（4）在泥水系统的操作过程中要做到顺序正确、规范操作,避免误操作引起压力波动。

（5）对损害的设备及时进行修复或更新,对泥水平衡控制系统的参数设定进行优化,做到动态管理。

（6）通过泥水输送管路向开挖面补充泥水以提高压力,恢复平衡。

（7）在泥水系统中增加一个单独的补液系统,在泥水输送管路被拆除时对泥水仓进行加压,保证泥水压力稳定。

（8）根据施工工况条件,及时调整泥水指标,确保泥膜形成良好,以使盾构切削土体始终处于良性循环状态。

（9）及时调整各项施工参数,在推进过程中尽量保持推进速度、开挖面泥水压力的平稳。

7.8.2　盾构施工防上浮控制

【问题描述】

泥水加压平衡盾构施工过程中,盾构切口前方泥浆后窜至盾尾、同步注浆效果欠佳以及地质条件等原因使得管片产生上浮。

【原因分析】

（1）盾构切口前方泥浆后窜至盾尾。管片与土体间存在空隙,使得管片脱出盾尾后,管片外缘与外部土体不完全密贴,存在环向空隙。如不能及时填充空隙,切口前方泥浆可能后窜至盾尾,导致管片上浮。

（2）同步注浆效果欠佳。同步注浆凝固性差,管片脱出盾尾后砂浆尚未凝固,浆液作用于管片的浮力超过其自重及其他抗浮力之和时,管片产生上浮。

（3）工程地质水文影响。在透水地层中盾构掘进时，若土体间隙裂缝较多、土层中地下水位较高（隧道位于地下水位以下），管片将浸泡于水或浆液中，巨大浮力使得管片上浮。

【预控措施】

1. 提高注浆与盾构推进的同步性

（1）使浆液能及时填充建筑空隙，建立盾尾处的浆液压力。同时加强隧道沉降监测，当发现隧道上浮呈较大趋势时，立即对已成环隧道采取补压浆措施。

（2）适当控制盾构掘进速度，确保管片脱出盾尾时形成的空隙量与注浆量平衡。

2. 提高同步注浆质量

（1）采用凝固性能较好的浆液，缩短浆液初凝时间，使其遇到泥水后不产生劣化，保证浆液能快速固结稳定。

（2）尽量避免注入的浆液被水稀释而降低性能，以便管片能被浆液充分固结稳定。

（3）提高注浆与盾构推进的同步性，使浆液能及时充填建筑空隙，建立盾尾处的浆液压力。

3. 增加上浮严重区段管片稳定措施

（1）必须严格控制螺栓复紧频次，严格按照要求复紧 3 次以上。同时由于复紧频次增加，人工复紧质量不能保证，宜使用专用快速工具复紧。

（2）上浮严重区段，可在盾尾与台车之间采取堆载管片和压铁的方式（有条件的可采用地面堆载的方式），抑制管片上浮，以维持管片的稳定性。

地面压重见图 7-82，盾构车架内压重见图 7-83。

图 7-82　地面压重　　　　　　图 7-83　盾构车架内压重

7.8.3　盾构施工地面防冒浆控制

【问题描述】

在盾构施工过程中，土体发生突变、覆土较浅、开挖面水土压力设定值过高、同步注浆压力过高等因素,造成盾构切口前方地面冒浆(图 7-84)。

图 7-84　地面冒浆

【原因分析】

(1)盾构穿越土体发生突变(处于两层土断层中),造成浆液沿断层上窜冒出地面。

(2)盾构覆土厚度过浅,开挖面水土压力设定值过高,造成覆土被浆液压力击穿,地面冒浆。

(3)同步注浆压力过高,击穿土层,导致地面冒浆。

【预控措施】

(1)在可能产生冒浆的区域适当加"被",即用黏土覆盖,形成整体性较好的盖层,有利于重新建立泥水压力。

(2)在推进过程中,要求手动控制开挖面水土压力。

(3)严格控制同步注浆压力。在注浆管路中安装安全阀,以免注浆压力过高。

(4)可采用气压模式推进,合理设定气压值。地面 24 h 人工监测,根据实际情况及时调整参数。

(5)对浅覆土段地层进行全断面加固,加强土体强度。

7.9　复合盾构掘进

7.9.1　土仓土体改良控制

【问题描述】

采用土压平衡盾构在复合地层条件下(图 7-85)进行施工时,天然地层的开挖土很难满足流塑性要求,从而给排土量控制带来困难,因此需要对土体进行改良。但在土体改良中,改良剂不合理、添加过量、改良效果不佳等原因造成施工困难或出现坍塌险情。

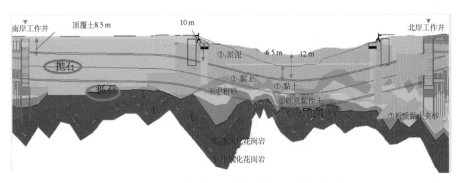

图 7-85 隧道盾构段地质纵断面(复合地层)

【原因分析】

(1) 改良剂不合理。选用不合理的改良剂,不但起不到改良渣土的效果,还会破坏内部的土壤压力平衡、降低开挖的稳定性和安全性,使地表出现沉降。

(2) 改良剂添加过量。添加过量会使渣土的防水效果变差,对地下水流动失去控制,出现喷涌。

(3) 改良效果不佳。在螺旋机排土不畅的情况下,螺旋机发生卡机故障,渣土的流动性降低而生成刀盘泥饼。

【预控措施】

(1) 在进行泡沫改良过程中,主要针对盾构始发和接收的端头加固段,可以选择分散性泡沫剂和分散剂,采用浓度为 1%~2.5% 的泡沫(图 7-86)。

(2) 遇到富水砂砾地层时,为了有效避免喷涌现象和地面塌陷问题,可以把高分子聚合物注入开挖面、土仓以及螺旋机,对渣土进行改良(图 7-87)。

图 7-86 盾构泡沫剂

图 7-87 复合地层改良后土体

(3) 对改良剂添加进行定量。可根据排出渣土的流塑性,按照每米掘进的用量在改良剂桶外侧标注刻度,进行精确计量,避免渣土排出时出现喷涌。

(4) 增加改良剂注入口。增加盾构土仓胸板、螺旋机上的注入口,压注改良剂,增加渣土流动性,避免产生刀盘泥饼。

7.9.2 刀具防磨损控制

【问题描述】

盾构掘进过程中,刀具受到土体挤压后,会出现粘着磨损、磨料磨损、疲劳磨损、摩擦化学磨损、微动磨损等多种磨损现象,轻则降低盾构掘进效率,重则引起刀盘盘面受损,最终导致盾构施工被迫暂停(图7-88—图7-90)。

图 7-88　正常磨损

图 7-89　刀具偏磨

图 7-90　刀圈断裂

【原因分析】

(1)地质条件。复杂的地质条件是刀具磨损的主要原因,典型的上软下硬地层最容易造成刀具磨损。

(2)刀具配置变化。部分刀具受力脱落后,对应的刀间距增大,掘进中增加了邻近刀具的负荷,加速剩余刀具的磨损。产生侧向力后,相邻刀圈受横向力而移位、脱落或断裂,甚至刀鼓偏磨,进而形成恶性循环,致使刀具快速损坏。

(3)掘进参数的影响。复合地层中掘进时,为获得掘进速度而盲目加大推力,使刀具变形、破损。

【预控措施】

(1)进行地质详勘,必要时可提前采取钻孔、爆破等措施对复杂地层进行预处理,减少后期盾构掘进时刀具的磨损。

(2)合理配置刀具,实施视频、温度、磨损、刀具旋转状态的监测,在刀具磨损失效前及时更换刀具(图7-91)。

(3)优化盾构掘进参数,充分利用盾构辅助掘进系统指导施工,使刀具能够在较长的时间段内有效掘进。

图 7-91　刀具磨损检测

7.9.3　欠压推进地表沉降控制

【问题描述】

当盾构机通过的隧道上方没有重要建筑物结构(即对控制地表沉降要求不是很高的地段)时,可采用欠压推进技术。

盾构机在砂卵石等复合地层掘进过程中,若开挖面压力不足,螺旋机的出土量大于刀盘切削土量,刀盘前上方将会产生较大的空洞区域,卵石或砾石将相继松动,从而在开挖面上方快速形成较大的塌落区。这会使上覆砂性土和黏性土层的松动范围加大,最终在隧道上方土层较薄处引起较大的地表沉降(图7-92)。

如果上覆土体的抗剪强度较低,空区上方土体会突然冒落,出现砂卵石等复合地层盾构隧道开挖面失稳现象。

图 7-92　欠压推进失稳后造成地面沉降开裂

【原因分析】

(1)地质状况发生突变。复合地层地质情况复杂,存在地质勘察报告不详尽、土层突变的情况,不利于合理确定盾构推进参数。

(2)施工参数设定不当。盾构平衡土压力设定值偏低或偏高,推进速度过快或过慢,盾构切削土体时超挖或欠挖,土体改良剂配合比调整不恰当。

【预控措施】

(1)通过详勘进一步了解地质分布状况,为前期盾构推进模拟施工参数设定提供帮助。

(2)欠压推进过程中加快出土速度、保持土仓压力比,使出土速度和土仓压力比的数值降低10%~15%,既可保证推进速度不受影响,又减小了总推力。刀盘切削土体时的摩擦力也因此随之减小,降低刀具的磨耗,延长刀具的使用寿命。

通过现场监控量测,优化欠压推进时的技术参数,使盾构机通过的地表沉降值小于规范允许沉降值(30 mm)。

(3)按理论出土量、施工实际工况定出合理出土量。可以通过盾构皮带输送机出土,并利用红外断面扫描、土箱称重系统等设施优化调整出土量。

(4)盾构机在砂卵石等复合地层中掘进时,仅仅通过加水或膨润土,往往不能有效改善土体的流塑性,刀盘扭矩增大,使螺旋机出土不畅,掌子面失稳。

泡沫注入一方面能够改善土体的流塑性及透水性,达到稳定掌子面的效果;另一方面,细密的泡沫分布在刀盘周围和土体之间,将大大降低扭矩,有效保护刀具。通过泡沫剂的应用,盾构机在复合地层中掘进时,推进速度、刀盘扭矩、地面沉降均得到良好改善。

7.9.4　盾构遇障碍物控制

【问题描述】

盾构施工中,除部分前期勘察探明的地下障碍物实现地面清除外,仍有不少地下障碍物未清除,如已探明的、但不具备地面清除条件的物体,或目前勘察手段无法探明的物体等。这些地下障碍物可能是结构基础、桩、挡土结构、管渠、地下构造物、木桩与孤石等。

【原因分析】

(1)地质勘察有缺陷,地下障碍物在相邻两勘探孔之间而未查明;存在地质勘察报告不详尽、前期地面建筑拆除后未留下资料等情况,造成盾构机掘进中遇到地下障碍物。

(2)施工参数设定不当。盾构平衡压力设定值偏低或偏高,推进速度过快或过慢,盾构切削障碍物时超挖或欠挖,土体改良剂配合比调整不恰当。

(3)排渣设备选型不当。切削地下障碍物后,盾构螺旋机卡机,主要是因为螺旋机选型不当。

【预控措施】

(1) 通过详勘,进一步了解地下障碍物分布状况,为前期盾构推进模拟施工参数设定提供帮助。

(2) 根据穿越地下障碍物不同类型,有针对性地改进推进参数,选择性地采用盾构机内超前加固措施改良前方土体;完成穿越后,应进行双液环箍注浆以稳定隧道。

(3) 优化盾构螺旋机排渣能力。为了防止螺旋机卡机,将原来的有轴式螺旋机更换为具有伸缩功能的无轴带式螺旋机(图 7-93);并且增加液压马达,提高驱动扭矩。

图 7-93 盾构带式螺旋机

7.10 类矩形盾构掘进

7.10.1 盾构防自转控制

【问题描述】

推进中,类矩形盾构(图 7-94)发生过量旋转,造成盾构与车架连接不佳、设备运行不稳定,增加测量、封顶块、中立柱(图 7-95)拼装的困难。

图 7-94 类矩形盾构　　　　　　图 7-95 类矩形隧道中立柱

【原因分析】

(1)重心不平衡。盾构内设备布置重量不平衡,盾构的重心不在中心线上,产生旋转力矩。

(2)土层不均匀。盾构所处的土层不均匀,两侧的阻力不一致,推进过程中受到附加的旋转力矩。

(3)刀盘或旋转设备连续采用同一转向。在施工过程中,刀盘或旋转设备连续采用同一转向,导致盾构在推进运动中旋转。

(4)千斤顶轴线与盾构轴线不平行。盾构安装时,千斤顶轴线与盾构轴线不平行,导致在纠偏时左右千斤顶推力不同。

【预控措施】

(1)合理布置安装于盾构内的设备,并对各设备的重量和位置进行验算,使盾构重心位于中心线上,或配置配重以调整重心位置于中心线上。

(2)经常纠正盾构转角,使盾构自转在允许范围内。

(3)根据盾构的自转角,经常改变旋转设备的转向及变换管片的拼装顺序。

7.10.2　成型隧道防上浮控制

【问题描述】

管片拼装成环后,成环隧道在离开盾尾后会出现上浮,这类情况往往发生在原状土软弱的地层和含水量较高的地层中,导致隧道错台、环纵缝渗漏水、管片挤压后产生裂缝和局部碎裂等现象。

管片出盾尾后上浮,还会压迫盾尾,减少管片拼装的建筑空隙,造成后一环管片的拼装困难(图 7-96、图 7-97)。

图 7-96　管片拼装工作面

图 7-97　管片上浮破损

【原因分析】

(1) 地层影响。管片拼装成环后,地层原状土比重大于隧道,使管片处于悬浮状态。

(2) 同步注浆固结效果欠佳,未能起到抱箍隧道的作用,使环与环之间产生错台、管片环纵缝渗漏水及局部混凝土破损。

(3) 管片连接件未及时复紧。未按照要求实行管片连接件 3 次紧固措施,即管片拼装时紧固、出盾尾时紧固和出盾构车架前紧固。

(4) 二次注浆点位选择不当,引起隧道上浮。

【预控措施】

(1) 在条件允许的情况下,对软弱地基提前进行地面预加固。

(2) 调整同步注浆浆液配合比,缩短浆液初凝时间。

(3) 按照要求实行管片连接件 3 次紧固措施。

(4) 正确选择二次注浆点位,合理分配各部位注浆量,适当减少底部注浆量,控制隧道上浮。

7.10.3　辐条式刀盘盾构出仓风险控制

【问题描述】

辐条式刀盘盾构出仓由于正面没有面板进行支护,加压出仓风险大,人员出仓困难,在土仓内进行刀具检查和更换、正面障碍物清除等作业环境不佳。

【原因分析】

(1) 盾构面板设计为辐条式刀盘,对正面支护功能较弱,出仓后作业人员防护较困难。

(2) 掌子面加固措施选用不合理的情况下,作业周期长。

(3) 加固土体出仓后,后期盾构恢复推进,脱困前行较困难。

【预控措施】

(1) 合理选用正面支护工法;在泥膜支护效果较差的情况下,可采用冻结、磷酸-水玻璃结合双液浆加固等方法。同时,应考虑后期盾构恢复掘进的便利性。

(2) 充分考虑进仓班组的时间调配,加快工作效率,缩短开仓作业周期。

(3) 由于进行前期加固,对后期盾构恢复推进、脱困前行应有充分考虑,应提前准备必要的、用于增大盾构推力及刀盘扭矩的设备。

盾构人行仓见图 7-98,地面冻结施工见图 7-99,人员进入土仓内施工见图 7-100。

图 7-98　盾构人行仓

图 7-99　地面冻结施工

图 7-100　人员进入土仓内施工

7.11　隧道注浆

7.11.1　浆液原材料质量控制

【问题描述】

在盾构推进过程中,注浆浆液配合比不佳、原材料不合格、运输产生离析等原因造成注浆效果不佳,引起地面和隧道的沉降。

【原因分析】

(1)浆液配合比与注浆工艺、盾构形式、周围土质不符。

(2)称量不准,导致配合比误差,使浆液质量不符合要求。

(3)原材料质量不合格。

(4)浆液在运输过程中产生离析、沉淀。

【预控措施】

（1）正确设计浆液配合比，并进行试验，使其符合施工要求。

（2）计量器具应满足合理的精度要求，应及时校正、定时检定或更新。

（3）原材料应有质量保证单，并按规定对材料进行质量抽检。

（4）浆液用管路输送时，输浆管的直径要适当；用拌浆车输送时，拌浆车上的拌浆机应有充分搅拌的能力。

（5）出浆时要经网筛过滤，拌制浆液须经检测符合要求后方能送至作业面使用。日常需对浆液的稠度进行检验，定期对和易性、均匀性、含粒状杂物的最大粒径、凝聚时间、强度、收缩率等进行检测。

浆液原材料见图 7-101，浆液原材料上料系统见图 7-102。

图 7-101　浆液原材料

图 7-102　浆液原材料上料系统

7.11.2　隧道收敛变形及地面沉降控制

【问题描述】

隧道收敛变形及地面沉降沿隧道轴线变形量过大，引起隧道变形及地面建筑物、地下管线损坏（图 7-103、图 7-104）。

图 7-103　隧道收敛变形后进行钢环内衬加固

图 7-104　地面沉降造成建筑物损坏

【原因分析】

(1) 同步注浆浆液质量不好,强度达不到要求,不能起到支护作用,造成地面变形量过大。

(2) 推进过程中,有时注浆压力大,注浆量足;有时注浆量少,甚至补注浆,造成对土体结构的扰动和破坏,使地层变形量过大。

(3) 盾尾密封效果不好,注浆压力又偏高,浆液从盾尾渗入隧道,造成有效注浆量不足。

【预控措施】

(1) 提高拌浆的质量,保证压注浆液的强度。

(2) 确定正确注浆量和注浆压力,及时、同步地进行注浆。同时,注浆应均匀,根据推进速度的快慢适当地调整注浆的速率,尽量做到与推进速度相符。

(3) 推进时,经常压注盾尾密封油脂,保证盾尾钢丝刷具有密封功能。

7.11.3 壁后注浆压力控制

【问题描述】

壁后注浆时,由于压力控制不佳,浆管堵塞无法注浆,甚至发生浆管爆裂的情况,严重影响施工质量和进度。

【原因分析】

(1) 停止注浆的时间太长,留在浆管中的浆液固化,引起堵塞。

(2) 浆管的三通部位在压浆过程中有浆液积存,时间长会产生沉淀凝固。

(3) 浆液中的砂含量太高,沉淀在浆管中,使浆管通径减小,逐渐引起堵塞。

【预控措施】

(1) 停止推进时,定时用浆液打循环回路,使管路中的浆液不产生沉淀。

(2) 若长期停止推进,应将管路清洗干净。

(3) 拌浆时注意配合比准确,搅拌充分。定期清理浆管,清理后的第一个循环用膨润土泥浆压注,使注浆管路的管壁润滑良好。

壁后注浆管路见图 7-105,壁后注浆层见图 7-106。

图 7-105　壁后注浆管路　　　　图 7-106　壁后注浆层

7.11.4　双液注浆初凝时间控制

【问题描述】

双液注浆(图7-107、图7-108)时,浆管由于堵塞而无法注浆,甚至发生浆管爆裂的情况,严重影响施工质量和进度。

图7-107　双液注浆系统　　　　　　　　图7-108　双液注浆

【原因分析】

(1) 长时间未注浆,浆管没有清洗,浆液在管路中结硬而堵塞管路。

(2) 两种浆液的注浆压力不匹配。B液浆的压力太高而进入A液的管路中,引起A液管内浆液结硬,堵塞管路。

(3) 管路中有支管时,清洗球无法清洗到该部位,使浆液沉淀而结硬。

【预控措施】

(1) 每次注浆结束都应清洗浆管;清洗浆管时,不能将清洗球遗漏在管路内,以免引起更严重的堵塞。

(2) 注意调整注浆泵的压力,保证两种浆液压力和流量的平衡。

(3) 如管路中存在清洗球清洗不到的分叉部分,应经常拆除分叉进行清洗。

7.11.5　高水压地层注浆封孔质量控制

【问题描述】

高水压地层隧道管片开孔注浆后,由于封孔措施不到位,开孔注浆处渗漏(图7-109)。

【原因分析】

(1) 安装防渗漏球阀(图7-110)不到位,造成注浆孔处渗漏。

(2) 安装注浆单向阀时,未拧紧到位。

(3) 注浆完成后未标识,导致浆液未固结就拧开阀门,造成渗漏,水土流失。

图 7-109　注浆孔渗漏

图 7-110　注浆孔防渗漏临时球阀

【预控措施】

（1）在隧道内对管片进行开孔前，需先安装球阀（图 7-111），再进行开孔。

（2）注浆完毕后，必须先安装单向阀（图 7-112），后采用内六角式铁闷头及扳手（图 7-113）把注浆孔拧紧，并把闷头喷成红色。

（3）对注浆完毕的闷头，必须用特定标记加以标识。对于每一次壁后注浆，必须根据实际注浆情况如实填写壁后注浆记录。

图 7-111　防喷涌球阀安装

（4）根据注浆堵水要求和注浆加固后抗水压要求，结合隧道区间地质及水文特点，选择不同的注浆材料，从而改变浆液扩散半径，达到抗水堵水的目的。

图 7-112　注浆单向阀

图 7-113 内六角式铁闷头及扳手

7.12 隧道防水

7.12.1 螺栓孔防渗漏控制

【问题描述】

管片螺栓孔位置由于螺栓未拧紧、橡胶垫不匹配等,其手孔位置有渗漏水情况,螺栓孔周围混凝土有钙化斑点(图 7-114)。

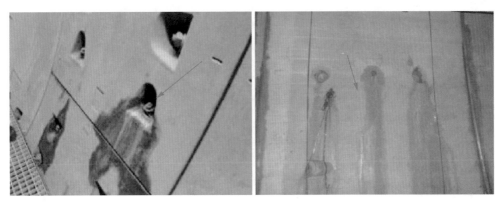

图 7-114 管片螺栓孔渗漏

【原因分析】

(1)螺栓孔的螺栓未拧紧。

(2)螺栓的螺纹尺寸与橡胶垫圈不匹配,间隙大。

【预控措施】

(1)用扭力扳手拧紧连接螺栓。

(2)增加或替换膨胀倍率较高的橡胶防水垫圈,以起到止水作用。

7.12.2　管片接缝防渗漏控制

【问题描述】

管片横纵缝位置的管片碎裂、拼装质量、止水质量等问题导致地下水从已拼装完成的管片接缝中渗漏,进入隧道(图7-115)。

图7-115　管片接缝渗漏

【原因分析】

(1) 由于管片破碎,粘贴止水条的止水槽与管片间不能密贴,水就从破损处渗漏进隧道。

(2) 管片拼装质量欠佳。拼装时,盾尾处未清理干净、管片纵缝有内外张角、前后喇叭与管片之间的缝隙不均匀等问题造成止水条无法满足密封要求,地下水渗漏进隧道。

(3) 止水条的强度、硬度、遇水膨胀倍率等参数不符合标准,使止水能力下降。

(4) 止水条粘贴不牢固,导致拼装时松脱或变形,无法起到止水作用。

(5) 已安装好止水条的管片未做好保护,在拼装前已遇水膨胀,使管片止水能力下降。

【预控措施】

(1) 运输过程中造成的管片损坏,应在贴止水条前修补好。

(2) 推进或拼装过程中因管片与盾壳碰撞而被挤坏的管片,应原地修补。

(3) 保证管片的整圆度和止水条的正常工况,提高纵缝的拼装质量。

(4) 拼装前观察前一环的环面情况,针对管片存在张角、喇叭的情况,采用粘贴衬垫的方式来找平环面,如衬垫厚度较大,可在衬垫处加贴一层遇水膨胀橡胶条。

(5) 加强进场验收,止水条须检验合格方能使用。

(6) 规范止水条安装行为。止水条粘贴前应清理止水槽,胶水不流淌以后才能粘贴止水条。

（7）加强对管片的保护。在施工现场设置雨棚，或对膨胀性止水条涂缓膨胀剂，确保止水条的质量。

（8）做好管片选型工作，提前预留出油缸行程，保证盾构机与管片在一条直线上，小半径推进中严禁猛纠偏。

8 冻结法加固施工

8.1 联络通道冻结法加固施工

8.1.1 冻结设计及施工方案合理性控制

【问题描述】

冻结设计及施工方案不合理,存在设计及施工隐患(图 8-1)。

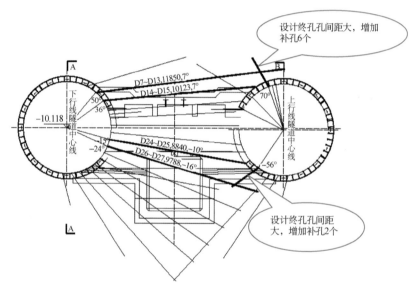

图 8-1　设计冻结孔间距局部偏大

【原因分析】

(1)冻结壁范围设计不合理,冻结壁内部存在土体开挖薄弱区域及外部土体超冻现象。冻结设计人员掌握的地勘资料(含承压水层及水流速)不准确,周围环境不详,冻结孔布置、冻结孔数量、冻结深度及厚度不合理,存在冻结加固的薄弱环节(图 8-2)或超冻现象;审核、论证不到位,没有纠正设计不合理的部分。

(2)施工方案针对性不强。施工方案编制人员对设计图理解掌握不足,没有把握住地面环境、复杂地层及承压水层等施工重点、难点及风险点,施工措施、风险管控措施及应急预案不到位。

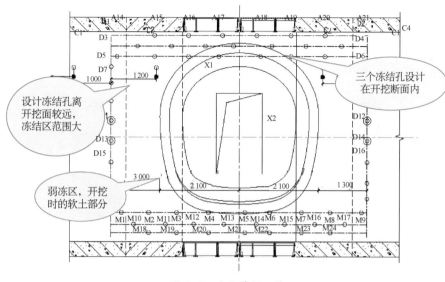

图 8-2 冻结薄弱环节

【预控措施】

(1) 设计人员应依据准确的地质、水文资料及周围的环境进行设计,对于地面所处重要建(构)筑物或重要管线(如煤气、上水等)应有专项措施。

(2) 冻结孔布置、数量、冻结深度、冻结壁厚度等设计内容,必须通过内、外部有关专家等进行充分论证,修改完善后,冻结设计单位方可出施工图。

(3) 施工方案编制人员应熟悉并掌握设计施工图、地质水文资料、周边环境,以及施工重点、难点及风险点等内容。施工方案编制应科学合理,方案经有关单位技术、安全负责人审核与专家论证并修改完善后,由项目部认真组织实施。

8.1.2 施工准备控制

【问题描述】

为工程施工配备的管理人员、设备和材料等准备不足,不能满足工程施工需要,造成工程施工不能正常开展。

【原因分析】

(1) 项目主要负责人思想不重视,前期筹划不到位。

(2) 人员力量薄弱、物资准备不足。项目部主要负责人及技术、安全、生产等管理人员管理水平低;为工程施工准备的设备不完好或数量不足,主要材料数量、质量不能满足工程施工需要。

【预控措施】

（1）根据工程特点，配置适岗管理人员。

（2）根据设计及施工方案，进行充分的施工准备。保证进场材料质量及配套设备完好，且满足工程需要及备用数量（图8-3）。

图8-3　施工准备充分

8.1.3　施工轴线测量偏差控制

【问题描述】

联络通道位于区间两隧道中部之间，由于联络通道施工轴线测量偏差，钻孔及开挖构筑误差，联络通道施工过程中存在返工、报废等风险。

【原因分析】

（1）施工前，未对联络通道轴线进行复测、校核。施工单位未对联络通道中心线复测，也未复核对穿孔，而是直接引用设计及隧道推进单位提供的测量数据，造成施工偏差。

（2）测量人员测量放线有误差。测量人员操作失误，施工轴线控制点测量放线出现误差。

【预控措施】

（1）钻孔施工前，对盾构施工单位提供的联络通道实际方位、标高、里程等具体参数进行放样，通过作图确定联络通道施工轴线。

（2）复核对穿孔，确定联络通道施工轴线无误后，方可正式进行钻孔施工。

施工轴线放样复核见图8-4。

图8-4 施工轴线放样复核

8.1.4 对穿孔(透孔)施工风险控制

【问题描述】

对穿孔施工过程中,由于钻孔偏斜,钻到对侧隧道钢管片肋板、手孔、环缝处,或钻透对侧隧道管片后封堵不及时,对穿孔出现漏砂漏水(图8-5、图8-6)。

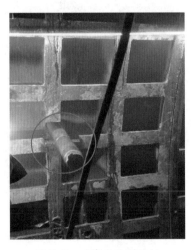 

图8-5 对穿孔钻到肋板　　　　图8-6 对穿孔钻到环缝

【原因分析】

(1)钻孔偏斜。对穿孔施工过程中,由于钻孔偏斜钻到对侧隧道钢管片肋板、手孔、接缝处,提前出现漏水通道;又因对穿孔施工未结束,不能及时进行有效封堵,故发生漏砂漏水。

(2)封堵措施不当。对穿孔施工打穿对侧隧道管片后,现场人员没有及时封堵冻结孔及管片之间的缝隙,或封堵措施不当,导致漏砂漏水。

【预控措施】

(1) 把好开孔质量关,控制钻孔施工过程偏斜,保证钻孔终孔偏斜质量。

(2) 左右第一个透孔放在管片中心处,钻杆加锥形止水环或止水锥体(图8-7)。

(3) 对穿孔钻深到对侧隧道管片前,安排2个以上有经验的人员现场值守。对穿孔施工完成后,及时进行封堵。

(4) 当对穿孔钻头钻到对侧管片时,产生的热量可以传递到隧道内管片表面,形成环形痕迹,可以观察到对穿孔是否已躲开管片环缝、肋板及手孔。如未躲开,应采取割除肋板、停钻或移位重新钻孔等应急处置方案。

8.1.5 钻孔过程中漏砂漏水风险控制

【问题描述】

钻孔过程中,由于孔口密封装置安装不牢固、不密封,钢管片格仓间焊接不密封,盘根、单向阀或球阀失效,施工现场发生漏砂漏水(图8-8)。

图8-7 止水锥体　　　　　图8-8 钻孔时球阀漏砂漏水

【原因分析】

1. 孔口密封装置安装不牢固、不密封

(1) 孔口管安装不密封、不牢固、脱落,孔口管与球阀、球阀与压紧装置连接不密封,钻进时存在漏砂漏水风险。

(2) 钻孔时球阀损坏,存在漏砂漏水风险(图8-9)。

2. 钻孔过程中的漏砂漏水风险

(1) 钻孔过程中,孔口密封装置内的盘根磨损、单向阀损坏,存在漏砂漏水风险。

（2）钢管片格仓与格仓隔板间焊接不密封，钻孔时存在漏砂漏水风险（图8-10）。

图 8-9　球阀关闭不严而漏水　　　　图 8-10　格仓漏砂漏水

【预控措施】

（1）孔口管应安装牢固、密封，对处于承压水层中的钻孔，施工前应进行水密性打压（打压压力不小于地层水压的 2 倍）试验，打压合格并确认孔口管安装牢固密封、不渗水后，方可进行开孔及正常钻孔施工。

（2）在含承压水地层中施工冻结孔时，建议采用优质的铸钢或不锈钢大球阀、高压密封装置、高压单向阀，不宜使用易碎、易损坏的铸铁球阀及低压单向阀。

（3）孔口管、球阀及压紧装置法兰盘之间的密封垫、螺栓应连接紧固、密封、不渗水。孔口密封装置安装见图8-11。

（4）承压水地层钻孔施工时，压紧装置盘根盒内应选用耐磨、密封性能好的盘根。

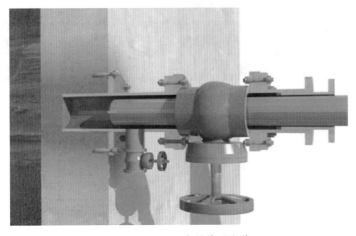

图 8-11　孔口密封装置安装

8.1.6 钻孔完成后孔口防渗漏控制

【问题描述】

钻孔施工完成、拆除大球阀及压紧装置后,冻结孔管与孔口管之间的缝隙往往会发生渗漏水(图8-12)。

【原因分析】

(1)未注浆或注浆未达到封水效果。钻孔施工完成后,在拆除孔口压紧装置及大球阀前,没有及时采用孔口管旁通阀进行注浆或注浆量少,冻结管和孔口管之间的缝隙没有完全封闭,在拆除孔口压紧装置及大球阀时易发生地层漏砂漏水。

(2)焊接不及时、不密封。孔口压紧装置及大球阀拆除后,冻结管和孔口管之间的缝隙没有焊接或焊接不牢固,在冷冻机开机冻结前,处于高承压水地层中的冻结孔易发生漏砂漏水。

【预控措施】

(1)钻孔施工结束后,及时注1:1水泥浆或双液浆,封堵冻结管和孔口管之间的缝隙,注浆量应达到钻孔过程中地层漏失量的1.5倍以上(不漏水时,注浆量不少于0.1 m³浆液);等水泥浆达到一定强度(不少于24 h)后,方可拆除压紧装置及大球阀。拆除时,如果缝隙漏水,应停止拆除作业,及时补注水泥浆直至停止漏水。

(2)钻孔施工结束,拆除压紧装置及大球阀后,应及时将冻结管和孔口管之间的缝隙用环形钢板进行焊接密封(图8-13)。

图8-12 孔口渗漏水事故　　　　图8-13 孔口水密性焊接

8.1.7 钻孔施工质量控制

【问题描述】

钻孔施工过程中,由于地层复杂、孔口管开孔定位误差、测量及验收误差等,冻结孔出现深度不够、偏斜大等质量问题,导致冻结壁局部薄弱或不交圈,给开挖构筑施工带来风险(图8-14)。

图 8-14　开孔质量不合格

【原因分析】

1. 地层复杂

在高承压水层、卵石层、地下不明障碍物、风化硬岩层等地层进行钻孔施工时,钻孔施工困难,容易造成钻孔施工深度不够、偏斜大等质量问题。

2. 孔口管安装偏斜误差

冻结孔施工前,孔口管及钻机安装偏斜,造成钻孔施工偏斜增大。

3. 施工测量误差

(1)联络通道施工轴线测量误差造成钻孔施工深度误差及偏斜。

(2)钻孔施工过程中,施工人员配管丈量尺寸不准确,造成钻孔施工深度误差及偏斜。

4. 钻孔质量验收不到位

冻结孔施工结束后,部分冻结孔没有进行测深、测斜等质量验收,而直接采取钻孔记录数据,造成钻孔施工深度误差及偏斜大。

【预控措施】

(1)在高承压水层、卵石层、地下不明障碍物、风化硬岩层等地层进行钻孔施工时,应选择适宜压力的孔口密封装置、相应功率的钻机设备、可钻性强的钻头及刚度大的钻具组合。

(2)联络通道施工前,组织测量人员做好联络通道施工轴线复测工作,并通过施工对穿孔,校核复测误差,保证联络通道施工轴线测量精度。

(3)钻孔施工过程中,做好纠偏措施、钻具丈量,施工记录准确无误。

(4)严格按照复测校核后的联络通道施工轴线安装孔口管,减少孔口管安装误差。钻孔施工前,按照钻孔施工轴线进行钻机安装,钻机安装应牢固可靠。

（5）钻孔施工结束后,由项目部管理人员、钻孔施工人员及冻结施工人员共同参与,并在监理人员的监督下,逐孔进行测深、测斜、打压等质量验收工作,对偏差较大的冻结孔应及时进行补孔,确保后期冻结质量。

8.1.8 冻结效果质量控制

【问题描述】

冻结效果是工程施工的关键,冻结壁局部薄弱或不交圈,会造成开挖构筑施工风险(图 8-15)。

图 8-15 开挖面渗漏水

【原因分析】

1. 地层复杂

地下水流速超过规范要求,造成冻结壁厚度不满足设计要求或无法交圈。

2. 钻孔施工质量

钻孔施工深度不够或终孔间距过大,造成冻结壁厚度不满足设计要求或无法交圈。

3. 制冷装机容量不够

（1）安装配备的冷冻设备制冷量不能满足冻结需冷量。

（2）冻结设备不完好,制冷量小,不能满足冻结需冷量。

4. 冻结系统安装不合理

（1）冻结过程中,由于系统安装不合理,个别管路盐水流量小或不畅通,造成冻结壁局部不交圈或冻结壁厚度达不到设计要求。

（2）冻结系统保温不好,散热量大,造成冻结壁交圈困难。

【预控措施】

（1）联络通道冻结施工前,应根据地质水文资料提供的地下水流速核定其流速是否超过规范要求。如果流速超过规范要求,则应在联络通道水流上游采取降水措施降低流速,或对联络通道含水地层注浆封堵流水等,也可通过合理增加制冷量提高地层冻结效果。

（2）做好钻孔施工质量验收,对于孔深不够、孔间距超过设计要求的应予补孔。

（3）冷冻设备制冷装机容量应满足不小于 1.3 倍冻结需冷量的安全系数。

（4）设备进场安装前,做好设备的维修保养工作,保证满足制冷量要求的完好设备进场安装,并安装备用制冷设备。

(5) 系统安装合理,盐水总流量满足各分组盐水流量需求。同时,保持各分组冻结管盐水流量基本一致[$(6\pm1)m^3/h$],否则应及时调整管路流量。

(6) 做好冻结系统及冻结壁保温,减少冷量损失。

标准化冻结站见图 8-16。

图 8-16　标准化冻结站

8.1.9　泄压孔防失效控制

【问题描述】

泄压孔能够减缓冻胀;判断冻结壁是否交圈及交圈时间;开挖前,对开挖面内未冻土泄压放水,有利于开挖等作用。若安装存在渗漏水或堵塞、不通,泄压孔将失效,失去其应有的作用(图 8-17)。

【原因分析】

1. 冻结区渗漏水造成泄压孔失效

(1) 泄压孔安装时,泄压管与管片焊接或封堵不密封,出现渗漏水。

(2) 冻结加固土体范围内隧道管片渗漏水。

图 8-17　泄压孔渗水失效

2. 泄压孔不通造成失效

(1) 泄压孔安装完毕后,管内未钻通。

(2) 积极冻结过程中,泄压孔管路堵塞或压力表堵塞。

【预控措施】

(1) 严格按照设计要求施工泄压孔,泄压管与管片连接要牢固密封、不漏水。

(2) 冻结加固土体范围内隧道管片渗漏水时,应及时采取注聚氨酯、环氧树脂或水泥浆等措施进行封堵,封堵完成后才可进行冻结施工。

图 8-18 泄压孔正常升压

（3）泄压孔施工安装完毕后，应检查管内至原始地层是否畅通，初始地层压力表压力显示是否符合相应深度地层水位压力；如不符，应查明原因并整改直至满足要求。

（4）积极冻结阶段，经常对泄压孔及压力表导通情况进行检查，发现堵塞及时进行导通处理，保证泄压孔始终处于良好监测状态（图 8-18）。

8.1.10　冻结期间冻结管防断裂控制

【问题描述】

冻结期间冻结管断裂，盐水泄漏，造成冻结壁化冻、渗漏水风险（图 8-19、图 8-20）。

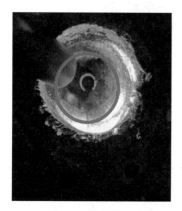

图 8-19　冻结管断裂

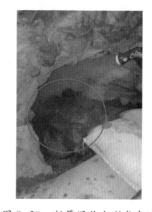

图 8-20　断管漏盐水形成空洞

图 8-21　冻结管焊接良好

【原因分析】

（1）地层复杂。冻结孔处于软硬互层、含水不均地层，地层冻胀不均产生的冻胀力将冻结管剪拉断裂。

（2）冻结管接头连接强度低。冻结管接头因加工丝扣变薄、焊接质量差，其连接强度较原管强度低，是产生断管的主要位置。

（3）冻结钻孔施工影响。冻结钻孔施工过程中，由于采取防渗漏措施不当，发生大量漏砂漏水，地层稳定性被破坏，造成局部地层冻胀增大而断管。

【预控措施】

（1）冻结管进场前进行复试检测，保证原材料质量。

（2）对于含水不均匀、易冻胀的地层，通过增加冻结管管径、壁厚等措施，提高冻结管强度。

（3）尽量增加冻结管单根长度，减少接头。

（4）避免冻结管焊接接头处于不同地层的界面或地层冻胀较大的位置。

（5）相邻冻结管接头应避免在同一竖向垂直断面内，防止多管连续断裂。

（6）考核电焊人员技术水平，加强电焊过程监督，严格按照电焊人员操作规程作业，保证冻结管接头的焊接质量（图 8-21）。

（7）钻孔施工应按照先下部再上部的顺序进行，每条焊缝焊接两遍后，需冷却2 min 后方可进入地层。

（8）冻结孔施工结束后，及时充填注浆，补充因钻孔施工造成的地层扰动及水土流失，减少冻胀。

（9）分期冻结，后期开始冻结时，初始盐水温度不得低于 - 10 ℃。

8.1.11　开挖构筑期间防渗漏控制

【问题描述】

开挖构筑期间，断管漏盐水、停电停机或保温不好等原因造成冻结壁化冻，发生渗漏水（图 8-22）。

【原因分析】

（1）冻结管断裂。开挖构筑期间，当土体开挖至冻结管断裂漏盐水位置时，因冻结壁盐水化冻通道与外部未冻土沟通，造成开挖断面内渗漏水。

（2）停电停机。结构开挖构筑期间，因停电及设备等问题，停机时间过长，冻结壁化冻造成开挖面内渗漏水。

（3）保温不好。联络通道喇叭口与隧道管片交界处是冻结的薄弱环节，大部分冻土被挖掉后，因保温不全及冷板盐水流量小，冻结效果差，交界面冻结壁化冻，发生渗漏水。

【预控措施】

（1）做好冻结区域隧道管片表面及开挖面的保温（图 8-23）。

图 8-22　冷排管停冻、保温缺失　　　　图 8-23　保温效果良好

（2）开挖过程中，加强冻结区域巡视，确保隧道内表面敷设的冷排管始终处于积极冻结状态，做好冷排管保温，如有脱落或损坏应及时修复。

（3）当开挖期间发生冻结管断裂而漏盐水情况时，及时下套管恢复冻结，防止盐水继续漏失，避免刚配制的热盐水直接进入冻结管内。

（4）现场备好发电机及备用冷冻设备，停电或冻结设备出现故障时备用，保证正常冻结。

8.1.12 安全门防失效控制

【问题描述】

在开挖构筑期间，当关闭安全门处理水、砂突涌等应急险情时，由于安全门焊接不牢固、不密封，发生安全门脱落及大量渗漏水等状况（图8-24）。

图8-24 安全门渗漏水

【原因分析】

（1）焊接不牢固。安全门安装在隧道钢管片上时，由于门框与钢管片焊接强度低，应急使用时，门框易脱落失效。

（2）安装变形、不密封。门框与钢管片焊接不密封，门框安装变形，与门扇连接不密封，导致应急关闭时渗漏水。

（3）安全门验收不合格。安全门安装完毕，进行打压验收时，发现问题整改不彻底，应急关闭使用时不能达到封水效果。

【预控措施】

（1）安全门加工质量及强度应满足设计要求，并做好进场质量验收。

（2）安全门框与钢管片焊接时，应采取均匀的焊接方法将安全门框焊接在钢管片上，防止门框焊接变形影响密封质量。安全门框与钢管片焊接牢固且密封、不漏水，门扇与门框安装不变形。

（3）安装完成后，进行水密性打压验收；若不合格，应进行整改至打压验收合格为止。

（4）安全门安装完毕，验收合格后，由于安全门扇重量大，应做好安全门开关时的稳定性保护，防止因变形影响应急关闭时的密封效果。

（5）安全防护门设置防坠落、防变形设施，保证应急状况下，安全门可以正常关闭。

标准安全门见图8-25。

图 8-25　标准安全门

8.1.13　集水井排水管安装质量控制

【问题描述】

安装集水井排水管时,由于隧道内排水管进水口高度误差,隧道内积水不能完全排除;隧道内排水管进水口与管片不密封导致渗漏水,影响地铁正常运营。

【原因分析】

(1)集水井内排水管进水口高于设计要求。集水井内排水管进水口在隧道管片上已预留,在没有测量复核的前提下,安装时直接采用将产生误差。

(2)集水井排水管与隧道管片连接处渗漏水。安装排水管时,排水管与隧道管片连接处预留孔割通口不规则、遇水膨胀止水带缠绕厚度不足、压盖变形等原因,会使排水管与隧道管片连接处存在渗漏水风险(图 8-26)。

图 8-26　排水管未密封而渗漏水

【预控措施】

(1)排水管安装位置定位前,测量复核排水管预留口高度,发现误差,及时联系设计单位进行调整确认。

(2)排水管与隧道管片安装连接时,管片预留孔割通口应修整圆滑、规则,遇水膨胀止水带缠绕厚度满足膨胀后止水要求,压盖压紧密封,安装完成并验收合格后方可交工。

8.1.14 结构防渗漏控制

【问题描述】

联络通道混凝土构筑过程中,模板质量差、安装变形、防水板安装不牢固、混凝土浇捣不密实或混凝土坍落度超过规范要求等问题,造成结构造成渗漏水(图8-27)。

【原因分析】

(1)混凝土质量及浇筑问题。混凝土浇筑过程中,由于运输距离远、浇筑时间长,混凝土出现离析;浇筑时振捣不均匀、不密实,均容易造成渗漏水。

(2)防水板安装问题。由于联络通道空间小,防水板安装困难,接缝熔焊不牢固,开裂或不密封等问题,导致渗漏水。

【预控措施】

(1)加强现场管控,保证防水板安装时的熔焊质量。

(2)选择优质木模板或钢模板,模板支撑安装牢固、密封,浇筑混凝土时不变形、不漏浆。

(3)保证混凝土进场前的拌制质量,隧道内运输采用小灌车,现场浇筑采用泵送并振捣密实,减少隧道内运输时间及整体浇筑时间,加快浇筑速度。

(4)加强低温环境下的混凝土养护措施。

(5)喇叭口位置增加止水钢板和防水胶措施,增强防水薄弱位置的防水效果。

优质结构见图8-28。

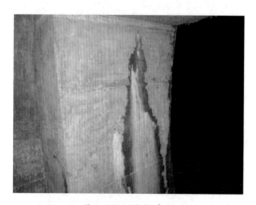 

图8-27　结构渗水　　　　　　　　　图8-28　优质结构

8.1.15 钢管片格仓封堵、填料防脱落控制

【问题描述】

联络通道结构完成后,按照设计封堵钢管片格仓。由于上部格仓挂网不牢固,填料充填松散、强度低,存在脱落风险(图8-29)。

【原因分析】

(1) 格仓封堵施工管理松懈。格仓充填封堵设计要求不明确,现场施工管理松懈,格仓充填封堵质量差。

(2) 挂网焊接不牢固,充填不密实。格仓封堵施工环境差,特别是隧道上部格仓充填封堵作业困难。格仓小挂网焊接困难,挂网后,充填填料封堵更困难,存在挂网焊接不牢、格仓内充填填料松散、不密实等问题。

【预控措施】

(1) 格仓充填封堵前,做好施工交底,把好挂网焊接、充填填料封堵两道工序质量关。

(2) 建议将隧道上部钻孔施工范围外的钢管片格仓设计为非充填格仓。

(3) 设计创新,将格仓设计为易于充填封堵的结构型式。

格仓充填完好见图 8-30。

图 8-29　格仓充填不密实　　　　图 8-30　格仓充填完好

8.1.16　冻结孔及注浆孔封堵防渗漏控制

【问题描述】

联络通道结构完成,将冻结管及注浆管管口部分割除后,采用快凝水泥及钢板进行封堵。由于封堵不牢固、不密封,在振动外力及地层压力的影响下,孔口封堵材料出现松动、开裂或脱落现象,发生渗漏水(图 8-31)。

图 8-31　冻结孔封堵渗漏水

【原因分析】

1. 冻结孔管口割除后封堵不牢固、不密封而渗漏水

(1) 孔口冻结管割除深度不够,杂物清理不干净。

(2) 封堵冻结孔的钢板与管片连接(螺栓连接或焊接)不牢固、不密封。

(3) 位于钢管片上的冻结孔割除封堵后,由于冻结孔所处格仓与相邻格仓底部存在原出厂焊接缝隙,出现渗漏水。

2. 注浆孔封堵不牢固、不密封而渗漏水

(1) 注浆管拆除封堵前,未注水泥浆封堵。

(2) 注浆结束后,注浆孔孔口丝堵没有安装或安装不牢固。

【预控措施】

(1) 严格按照设计及施工方案要求进行冻结管及注浆管割除封堵。

(2) 冻结管割除封堵时,保证割除深度。封堵时,清理干净杂物(或冻土),膨胀螺栓应安装牢固、不脱落,快凝水泥应封堵密实、不渗水。

图8-32　冻结孔封堵质量好

(3) 位于钢管片上的冻结孔,其封堵钢板与管片进行水密性焊接,确保不渗水。

(4) 认真检查位于钢管片上的冻结孔相邻格仓间隔板存在的缝隙,对缝隙采取水密性焊接封堵处理,防止后期渗水影响管片观感。

(5) 注浆结束后,对每个注浆孔先进行注浆封堵,24 h后拆除注浆阀,安装丝堵封闭孔口,保证丝堵安装质量,做到牢固密封、不渗水,最后修复结构的表面至光滑、平整。

(6) 做好封孔过程监控及封孔质量验收,确保封孔质量(图8-32)。

8.1.17　隧道及地面沉降控制

【问题描述】

联络通道结构完成后,由于充填注浆、融沉注浆滞后或注入量不足,隧道、联络通道及地面沉降超过规范允许范围,造成隧道、联络通道及地面建(构)筑物受损。

【原因分析】

1. 充填注浆及融沉注浆滞后、注入量不足

(1) 计算总注入量低于实际需求量,造成注浆量不足。

(2) 因隧道铺轨等外部因素影响,注浆滞后,注浆量不足,注浆周期时间延长。

2. 注浆工艺存在薄弱环节

(1) 充填注浆时间把握不好,注浆滞后。

(2) 融沉注浆时没有把握好"少量、均匀、多次、多点、及时"的原则。

图 8-33　预留注浆孔

图 8-34　注浆设备

【预控措施】

（1）根据地层特性及冻土量计算总注浆量,并在 3～4 个月的融沉时间内完成浆液总注入量(总注浆量一般为冻土体积的 0.2～0.3 倍)。

（2）融沉注浆阶段,与隧道铺轨、安装作业等交叉施工时,应与相关施工单位做好施工协调及注浆施工请点,科学合理安排注浆工作。

（3）结构浇筑完成且强度达到 60% 以上时,在冻土化冻前进行充填注浆,将二衬与初衬、初衬与冻土之间的空隙充填注满,注浆压力不超过该深度的静水压力,注浆顺序自下而上进行,最上部预留放气孔用来泄压及观测注浆效果。

（4）融沉注浆应采取"少量、均匀、多次、多点、及时"的原则;根据监测数据及时调整注浆参数及时间节点,注入浆液先稀后稠、先单液后双液。

预留注浆孔见图 8-33,注浆设备见图 8-34。

8.2　液氮冻结加固施工

8.2.1　液氮冻结加固质量控制

【问题描述】

液氮冻结加固原理是通过内管将液氮直接送入到打设的冻结管底部,通过液氮直接汽化(－195.8 ℃)吸热,对地层进行冻结加固(图 8-35、图 8-36)。由于液氮在冻结管内不同深度的汽化温度难以保持一致,形成的冻结壁薄厚不均。

图 8-35 液氮内管钻孔　　　　　　　图 8-36 液氮冻结现场

【原因分析】

1. 液氮冻结孔分组不合理

(1)每组有 2 个以上冻结孔组成,各组安装冻结孔总长度或深度不一致。

(2)液氮冻结时,由于汽化压力影响,每组液氮用量及回路温度不等。

2. 每个液氮冻结孔内液氮汽化不均匀

液氮输送内管上的液氮释放孔(大小、深度、个数)打设不合理,造成液氮在冻结管内不同深度的汽化不均匀。

【预控措施】

(1)冻结孔分组应间隔交叉连接,两组间冻结孔应保持进气与排气冻结孔相邻。

(2)液氮冻结孔分组应按照每组冻结孔数量、总长度及冻结深度一致的原则进行。

(3)通过调节液氮各分组阀门,控制各分组冻结孔液氮使用量及回气温度保持一致。

(4)单个冻结孔内的输送液氮内管应下放到冻结管底部,内管上的液氮释放孔应根据冻结孔深度,按照"下密上疏"的原则布设。

8.2.2　液氮冻结加固管材质量控制

【问题描述】

液氮冻结过程中,冻结管材质量问题引发断管,液氮泄漏。

【原因分析】

1. 液氮管材选用不当

液氮管材一般应选用铜管或不锈钢无缝管等材料,由于液氮冻结加固没有规范可循,有的选用低碳钢无缝钢管作为冻结管或地面局部安装管路。

2. 焊接质量差,强度低

(1) 铜管或不锈钢无缝管接头焊接困难,接头强度低,冻结过程中由于地层冻胀造成接头断裂,存在液氮泄漏风险。

(2) 低碳钢无缝钢管接头在超低温状态下,接头更容易脆裂,存在液氮泄漏风险。

【预控措施】

(1) 液氮冻结应根据超低温状态合理选择不同规格尺寸的铜管或不锈钢无缝管。

(2) 按照操作规程进行液氮冻结管的焊接(图 8-37),保证接头强度。

(3) 地面连接管路禁止采用不同材质管材连接(图 8-38),防止接头开裂发生液氮泄漏。

图 8-37　液氮管焊接

图 8-38　不同材质连接

8.2.3　液氮冻结加固施工安全控制

【问题描述】

液氮冻结加固施工过程中,液氮泄漏溅到施工人员皮肤上,造成皮肤冻伤;由于通风不畅,处于密闭空间施工环境的作业人员存在窒息风险。

【原因分析】

1. 材料选用不当,安装质量差

(1) 在超低温液氮作业环境中,选用的施工管材及辅助材料不能满足环境要求。

(2) 焊接及安装质量差,造成液氮泄漏。

2. 施工人员操作失误

现场施工人员没有按照液氮操作规程进行作业。

【预控措施】

1. 合理选择材料

根据液氮超低温作业环境要求,应合理选择不同规格、型号的铜或不锈钢管材以及阀门、板材、供液软管等辅助材料。

2. 保证连接质量

保证各部位焊接质量及连接质量,打压试漏合格,连接牢固、密封、不漏气。

3. 施工前做好安全技术交底并严格按照液氮操作规程作业

(1) 操作人员开关阀门时,必须戴棉手套。

(2) 液氮出气管向上靠近地面 2 m 以上。

(3) 对于设备、管道、阀门的解冻,只能用水冲,严禁敲打、火烤和电加热。

(4) 液氮储槽严禁与油类、酸、碱等物质接触。

(5) 非工作人员一律不准进入液氮区域,不得随意拨弄阀门、减压装置,发现问题及时通知供应商。

(6) 蒸发器结霜严重时,及时做好除霜工作。

(7) 密切注意槽车的储液量,若达到规定下限,应及时联系供应商送气。

(8) 若液氮泄漏,立即关闭供液阀门,谨防人员窒息(放空时尽可能远离)。以下位置易发生窒息事故:在储槽、容器、管道排气口等排出口;进入氮气吹扫过的容器;在隧道及通风性能不好的地方。

为防止窒息事故发生,特规定如下:未知密闭空间存在何种气体或知道有何种气体却未采取安全措施的严禁入内;在进入密闭空间或窒息性气体泄漏区前,应先进行打扫或清理工作,并用测氧仪测量环境中氧的含量,须确认含氧量在安全范围内或采取安全措施后方可进入。

(9) 严格控制进气压力不超过 2 kg/cm²。

(10) 液氮管路处设置安全警示牌。

9.1 管节制作

9.1.1 管节预埋件定位精度控制

【问题描述】

管节生产过程中,预埋件与原位置发生偏差,影响安装中后续同步构件的正常使用(图 9-1)。

【原因分析】

(1)缺乏隐蔽工程验收。钢筋骨架在吊运放入钢模时,与放置好的预埋件发生碰撞,导致预埋件发生移位;在随后的隐蔽工程验收中未及时发现并纠正,使得成型管节出现预埋件定位不准的现象。

(2)预埋件振动偏移。振捣时,振动棒与钢筋骨架或者预埋件发生了直接接触,使得预埋件振动,导致预埋件发生偏移,进而使预埋件出现定位不准的现象。

【预控措施】

(1)加强隐蔽验收。采取可靠的预埋件固定措施,避免钢筋骨架与预埋件的过度碰撞。此外在合盖板前应联合监理进行隐蔽验收。主要检查项目有钢筋保护层和预埋件安装固定是否牢靠、位置是否准确、是否有漏放的预埋件。

(2)规范振捣作业。振捣时,如采用插入式振捣棒,应依据振捣棒的长度和振动作用有效半径,有次序地分层振捣,控制振捣棒不与预埋件直接接触,并在钢筋密集处、难振捣部位及角部采用附着式振捣。随时检查预埋件是否发生位移。

预埋件成型合格管节见图 9-2。

图 9-1 管节预埋件定位不准　　　　图 9-2 预埋件成型合格管节

9.1.2 钢套环加工精度控制

【问题描述】

钢套环在加工制作时,因为靠模精度不高,焊接质量不佳,出现精度误差,影响管节接头的密封防水性和浇捣精度等性能(图9-3、图9-4)。

图9-3 钢套环精度不准　　　　　图9-4 钢套环焊接质量不佳

【原因分析】

(1)焊接场地。焊接场地不平整,制作钢套环靠模精度不高,导致焊接成型后的钢套环出现焊接精度偏差。

(2)焊接质量。钢套环焊接前未作坡口处理,使得工件根部未焊透,焊缝成型较差。

【预控措施】

(1)制作工作平台。为保证焊接精度,应先对焊接场地进行平整,再制作钢套环靠模。如无平整场地,可制作一个长度和宽度比钢套环稍大的工作平台,在平台上制作钢套环靠模。靠模的制作精度要高,焊接成型前,必须先测量套环的实际周长,确认无误后方可进行接头焊接。

(2)规范焊接操作。规范焊接人员的操作工作,钢套环焊接时,应采用双面坡口焊,保证工件根部焊透,便于清理焊渣,获得较好的焊缝成型。

9.1.3 管节角部防漏浆控制

【问题描述】

管节制作时,因操作不当和设备问题,混凝土外漏,使管节角部出现质量问题,影响管节正常使用。

【原因分析】

(1)钢模缺少整修。钢模在使用后或每班生产前未及时进行检验整修,钢模长期使用后,部分位置发生磨损情况,导致钢模合模精度变差,产生角部缝隙,发生漏浆(图9-5)。

(2)合模操作不当。管节钢模合模时,盖板与钢模结合不紧密。导致浇捣后混凝土沿着缝隙外漏,使成品管节出现角部漏浆的质量问题。

管节钢模角部钢套环高低不平见图9-6。

图9-5　管节角部漏浆　　　　　　　图9-6　管节钢模角部钢套环高低不平

【预控措施】

1. 钢模复查

每班生产前,必须对钢模进行几何尺寸复测。每生产100节管节后,必须对钢模进行一次综合检定,检定的内容包括内模、外模的几何尺寸,刚度及各相关部件的磨损、变形情况;偏离公差范围的钢模不得投入生产使用。

2. 规范合模操作

钢模合模前应进行合模检验,并采用必要的止浆措施。当出现下列情况时,不准进行下道工序:

(1)钢模精度不符合设计要求。

(2)钢模内留有混凝土残渣。

(3)涂膜剂涂刷不符合规范要求。

(4)止浆措施不符合要求。

(5)钢模其他配件存在一定损坏。

管节角部无漏浆现象见图9-7,规范合模见图9-8。

图9-7　管节角部无漏浆现象　　　　　　图9-8　规范合模

9.2 矩形顶管

9.2.1 顶管始发和接收风险控制

【问题描述】

顶管机始发和接收时,润滑泥浆、掌子面泥水或周边水土沿着洞圈止水装置渗透到工作井,造成水土流失,使顶管机姿态变化,造成地面较大沉降(图9-9)。

图9-9 洞圈渗漏水

【原因分析】

(1)顶管始发和接收预留洞口的位置、几何尺寸、止水封堵方式有偏差,无法封堵渗水通道。

(2)顶管始发井和接收井洞口施工影响范围内的土层预加固处理效果差。始发和接收前,加固处理后的土体强度和抗渗性措施检查未真实反映实际情况。

(3)由于顶管机和管节存在偏心,洞口设置止水装置会出现四周建筑空隙不均匀情况,间隙大的地方会产生渗漏。

【预控措施】

1. 洞口位置与尺寸及封堵方式

顶管始发井和接收井预留洞口的位置、几何尺寸、止水封堵方式应符合设计和施工方案的要求。

2. 洞口止水装置

洞口应设置止水装置,止水装置联结环板应与工作井壁内的预埋件焊接牢固,且用胶凝材料封堵。根据工程实际情况可以设置多道洞圈止水装置,确保止水效果。

始发和接收工作井侧壁上设置应急注浆孔,注浆孔一端通入止水帘布橡胶板之间,另一端安装注浆球阀,往止水帘布橡胶板内进行补泥,以保证顶管洞门防水效果。

3. 洞口地质条件与土体加固

(1)顶管工作井洞口施工影响范围内的土层应进行预加固处理。始发和接收前,应检查加固处理后的土体强度和渗漏水情况。

(2)当为黏性土且地下水压力较高时,除加固洞口外的土体外,应采用帘布橡胶板止水,并应加快始发和接收的施工速度。

(3)当为粉土且有地下水时,除加固洞口外的土体外,应采取措施降低地下水位,并缩短始发和接收时间;当无法降水时,应根据顶管机长度对土体进行水泥系隔水帷幕施工,并在帷幕和常规土体加固区之间设置应急降水井,在始发和接收时,若洞口涌水涌土,可应急开启,进行降水减压。

（4）当为砂土或周边环境保护要求较高时,除加固洞口外的土体外,应布置降水井,必要时开启降低土体的渗透系数;同时宜采用钢丝刷止水系统,并采用橡胶板止水,防止产生渗漏通道(图 9-10)。

图 9-10 洞圈增加钢丝刷后减少渗漏

9.2.2 管节接缝防渗漏控制

【问题描述】

钢管节接口由于焊接质量差,接缝接口断裂,顶进过程中出现接口裂纹并有水渗漏;混凝土管节在接缝处的止水带错位或管节不居中造成接缝裂纹,导致渗漏水(图 9-11、图 9-12)。

钢管节、混凝土管节拼装后的隧道见图 9-13、图 9-14。

图 9-11 管节接缝焊接处裂纹引起渗漏水

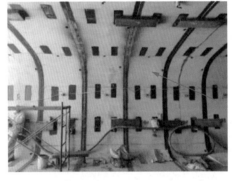

图 9-12 管节接缝处止水失效,焊接后止水

图 9-13 钢管节拼装后的隧道

图 9-14 混凝土管节拼装后的隧道

【原因分析】

1. 管节外防水

触变泥浆调配不当,防水性能较差,自身被水稀释,导致管节外部未形成整体防水泥膜,无法临时封堵外部渗水通道。

2. 钢管节接口断裂引起渗漏水

(1)接口焊接质量有问题,如焊条牌号与钢管材料不适用、焊接坡口不标准、焊缝不标准。有的焊缝位于钢管节的底部,管外施焊困难,焊接质量不符合要求。

(2)纠偏过于频繁,且偏差过大,使焊缝被破坏。

3. 混凝土管节接缝渗漏水

(1)气温过高和过低造成橡胶止水带失效,产生渗漏水现象。

(2)由于顶管机顶进过程中,管节始终在浮动,造成结构持续变形,不稳定的管节接缝易产生渗漏水。

【预控措施】

1. 管节外防水

管节注减摩泥浆过程中,采用稠度较高和防水性能较好的厚浆,针对相应渗漏水点进行压注,构成管节防水第一道防线。

2. 钢管节接口断裂防治措施

(1)应根据钢管节材料选用合适的焊条,在冬季、下雨天还要防止焊缝骤冷,产生裂纹。

(2)应根据焊接规范对钢管节接口进行设计,推荐采用 K 形坡口或单 V 形坡口。

(3)人不能进入的钢管节采用单 V 形坡口,在管外进行单向焊接双面成形。人能进入的钢管节采用 K 形坡口,且内外均要焊透,为此,需在工作井内设较低的焊接工作坑,且在导轨上留出焊接工艺槽口。焊接后还须无损探伤以确保焊接质量。

(4)防止纠偏过大,更要防止过大的蛇形,以减小焊缝承受的不必要外力。钢管节内部环缝顶进过程如发生渗漏水,为便于纠偏,可先行堵水处理,待结构稳定后再进行水密焊接。

3. 混凝土管节接缝渗漏水处理

(1)宜在气温较低,接缝、裂缝张开较大时进行注浆堵水处理。

(2)结构仍在变形、未稳定的裂缝渗漏水,可先行堵水处理,同时应等待结构稳定后作进一步治理。

(3)需要补强的渗漏部位,应选用改性亲水环氧树脂灌浆材料、水泥基灌浆材料、油溶性聚氨酯灌浆材料等固结体强度较高的灌浆材料。

9.2.3 管节防后退控制

【问题描述】

顶管机顶进到位、加接管节时,止退装置(图 9-15)安装不到位、止退孔应力集中等原因造成管节后退、掌子面平衡压力下降、顶管机姿态变化、地面下沉等问题(图 9-16、图 9-17)。

图 9-15 顶管止退装置　　　　　图 9-16 混凝土管节止退孔受力破碎

【问题描述】

1. 止退装置安装不到位

(1)顶管始发井止退装置安装未相对隧道设计轴线对称布置或间隙过大,造成管节两侧受力不均匀,产生折角。

(2)止退装置的基座标高无法保证止退销安装轴线与管节吊装孔轴线处于同一高度。

2. 止退孔应力集中

(1)止退装置的安装方向上的承载力不能承受来自掌子面向后的水土压力。

(2)管节后推力和止退架止退力均作用于止退孔处,导致止退孔处应力集中,引起止退孔结构变形、破碎,加剧管节后退现象。

【预控措施】

1. 及时、对称设置止退装置

(1)在加接管节时,主推油缸缩回前,应对已掘进的管节采取止退措施。

(2)止退装置应相对隧道设计轴线对称布置,并合理设置管节与止退架间隙,确保管节两侧受力均匀且合理。

(3)止退装置基座标高应能保证安装轴线与管节吊装孔轴线处于同一高度。

2. 优化止退孔,确保承载力

(1) 止退装置的承载力应能承受来自掌子面向后的水土压力,通过加装应力计来核对设计的可靠性。

(2) 加强止退孔处强度,混凝土管节止退孔增设配筋并提高混凝土级别,钢管节止退孔钢支撑补偿加固并提高钢材级别(图9-18)。

(3) 如现场有条件,每环可增加止退孔,减少单孔受力。

图9-17　止退架与管节间隙过大　　　　图9-18　止退装置钢支撑补强

9.2.4　管节防上浮控制

【问题描述】

在覆土较浅、承载力较差、含水量较高的地层,由于管节未连成一体、管节重量小、管节覆土浅等,管节往往会出现上浮,产生错台较大的现象(图9-19)。

【原因分析】

(1) 管节前3~5节与矩形顶管机未连成一体,顶进过程中产生管节漂移。

(2) 管节整体重量小于开挖土体重力,会引起地层应力的重新分布,导致管节发生向上

图9-19　管节错台

运动趋势,直至管节重新受力平衡。

(3) 当管节覆土深度较浅时,由于上层土体较松软,缺乏对管节的有效包裹限制,上浮尤为明显。

【预控措施】

(1) 在软土层中顶进混凝土管节时,为防止管节漂移,宜将前3~5节管节与矩

形顶管机连成一体。

（2）管节进行压重处理，使管节整体重量尽量接近于开挖土体重量，管节竖向合力重新达到平衡状态。

（3）顶管贯通后应采用水泥浆液置换或固化减摩泥浆来稳定管节，避免管节上浮。

管节加焊钢板连接见图9-20。

图9-20 管节加焊钢板连接

9.2.5 管节转角控制

【问题描述】

顶管机顶进时，刀盘切削土体的反作用力、压浆不均匀等原因造成一定幅度的自转，对应管节也相应会出现旋转，造成推进困难或拼装困难。

【原因分析】

（1）由于刀盘切削土体产生的反作用力，顶管机转角过大（图9-21）。

（2）管节重量较轻，顶管顶进时顶力使管节发生扭转。

（3）管节的减摩泥浆压注不均匀，四周未能填充饱满（图9-22）。

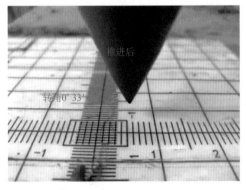

图9-21 顶管推进过程中转角过大

图9-22 顶管机与管节建筑空隙

【预控措施】

（1）采取刀盘与转角同向转动，即通过刀盘切削土体时产生的反作用力来调整顶管机转角。

（2）对称螺旋机出土量。如顶管设备采用多个螺旋机，则推进过程中做到多个螺旋机均匀出土，尽量避免单个螺旋机出土。

（3）在管节内进行单侧压铁压重，起到减小转角的作用。

（4）在管节上安装补充注浆管，选择适当的注浆点，将浆液分区域压注，使管节按所需的方向旋转，以达到纠偏目的。

管节内补泥泵见图 9-23。

图 9-23　管节内补泥泵

9.3　钢管幕法

9.3.1　钢管节焊接质量控制

【问题描述】

管幕钢管节对接焊接时,部分钢管节对接焊接质量较差,自检合格率低,返工率高,导致焊接时间过长,影响整体施工效率。

【原因分析】

(1) 钢管节拼接质量直接影响到焊接质量,钢管节拼接的圆度、平直度等误差会引起焊接质量下降。

(2) 焊接作业条件差,钢管节外坡口焊接一般为露天作业,受雨雪等天气影响较大,内坡口一般在钢管节内部作业,光线和通风条件差,焊接作业和焊渣清理难度大。

(3) 焊接人员不稳定、水平参差不齐,焊接质量要求交底不到位等也是造成焊接质量问题的重要原因。

【预控措施】

(1) 钢管节一般为工厂预制,生产过程中应派人驻厂,在工厂预先试拼无误后再进场(图 9-24)。

钢管节运输过程中,在钢管内增加十字形或米字形支撑,减少管节变形(图 9-25)。在现场拼接过程中,加强管节拼接质量控制,拼接完成且自检合格后,再进行焊接作业。

(2) 改善现场焊接作业条件,现场外部钢管节增加遮雨等措施,钢管节内部增加通风照明等措施(图 9-26)。

图 9-24　钢管节工厂试拼

图 9-25　钢管节运输过程中增加十字形支撑

图 9-26　焊接处增设遮雨棚

（3）提前选择成熟稳定的焊接人员，并进行焊接工艺评定。加强对焊接作业质量要求的交底，形成焊工班组代班制度。

9.3.2　顶管顶进轴线质量控制

【问题描述】

管幕顶进对精度控制要求较高，若顶进过程中控制不当，可能会造成顶管顶进偏差过大，包括轴线偏差和转角偏差。这会对后续开挖施工造成影响，严重时可能会造成管幕锁扣撕裂，或者无法接收。

【原因分析】

（1）导轨安装精度不够。导轨是顶管顶进的基座，导轨安装精度不够直接影响到顶管始发精度偏差。

（2）顶进过程中纠偏不及时或纠偏不当，是引起顶进轴线偏差过大的主要原因。

（3）顶进过程中，自动测量系统可实时测量轴线精度，单节顶进完成后进行人工测量复核,对自动测量系统进行校正。当人工测量复核频率低时,也会引起轴线偏差大。

(4)顶进油缸后,靠板平整度不足。顶进油缸是顶管顶进的动力系统,油缸安装精度不够直接影响到顶管始发精度偏差。

【预控措施】

(1)确保导轨的制作及安装精度,在正式顶进前,对导轨高程进行复核,要求导轨四角的高程和轴线误差小于 1 mm。

(2)在顶管导轨上增加限位装置(图 9-27),减小顶进偏差,控制旋转角。

(3)顶进过程中,设置偏差值报警机制,增加纠偏频率,加大对偏差的控制,勤纠少纠。纠偏界面见图 9-28。

(4)增加测量频率,每节钢管顶进完毕后,进行人工复测及对测量仪器校核。

(5)顶进油缸安装高程偏差不超过 2 mm,水平偏差不超过 2 mm。

图 9-27　限位装置

图 9-28　纠偏界面

9.3.3　顶管顶进沉降控制

【问题描述】

顶管施工过程中,因土压失衡、注浆不及时、土体扰动、接口渗漏等,管道轴线两侧一定范围内发生地面冒浆,管道周围建筑物和道路交通及管道等公用设施受到影响,甚至影响到正常使用和安全。

【原因分析】

(1)正面土压力控制不当,出土或排浆速率与顶进施工参数不匹配,若造成正面土压力过大,会引起地面隆起;过小,则引起沉降。

(2)同步注浆不及时,顶管顶进过程中管壁与周围土体摩擦,形成背土效应,引起地面隆起。

(3)洞门密封措施不当,洞门因此漏水漏砂,引起地面沉降。

【预控措施】

(1)正确计算顶管顶进的正面土压力,顶进过程中实时跟踪掌握顶进压力,保持顶进力与前端土体压力的平衡。

(2)施工时,尽量采取小幅度纠偏,尽可能保证管节的直顺,减小管节绕曲造成的土层移动而引发的沉降。

(3)在顶进过程中,应及时足量地进行同步注浆。施工结束后,及时用水泥或粉煤灰等置换润滑泥浆。

(4)采用洞门止水装置,设置两道钢丝刷,避免渗漏(图9-29)。

图9-29 洞门止水装置

9.3.4 管节(锁扣)防渗漏控制

【问题描述】

钢管幕之间采用锁扣连接,锁扣内填充油脂止水。开挖期间由于锁扣油脂填充不密实等,会出现锁扣渗漏水情况,导致开挖作业困难,影响后续结构施工,严重时可能引起掌子面坍塌等事故。

【原因分析】

(1)顶进前,填充锁扣油脂时,填充不密实或未采取封挡措施。

(2)顶进过程中,锁扣内油脂外溢。顶进过程中,雌口内油脂可能随着顶进而外溢流失,且后续顶管雄口沿着先行顶管雌口顶进,锁扣内油脂会产生外溢而损失。

(3)顶进偏差过大,导致锁扣变形,严重时可能导致锁扣撕裂,进而引起管幕渗漏水。

【预控措施】

(1)在顶管顶进前,采用专用泵(图9-30)送油脂,填充锁扣,保证填充密实。

(2)填充油脂后,在锁扣外侧安装一层铁皮封挡(图9-31),保证顶管顶进过程中油脂不外溢。

(3) 严格控制顶进偏差,尽可能保证顶管轴线顺直,以确保锁扣的承插平顺不变形,确保不出现渗漏水情况。

图 9-30　油脂专用泵

图 9-31　铁皮封挡

9.3.5　大体积自密实顶板混凝土浇筑质量控制

【问题描述】

管幕结构顶板浇筑没有振捣作业条件,因此,采用具有高流淌、自流平等特性的自密实混凝土施工。结构顶板厚度超过 1 m 时,则为大体积混凝土施工。

顶板浇筑过程中,受结构四边施工边界条件制约,浇筑施工较为困难,后期养护易产生裂缝和渗漏。

【原因分析】

(1) 自密实混凝土材料的性能指标、配合比和外掺料与普通混凝土不同,其胶凝材料用量比普通混凝土高,也易产生较高水化热。在养护过程中,受水化热影响,混凝土结构内外温差大,易产生裂缝。

(2) 自密实混凝土浇筑处在四周封闭的空间,作业条件较差;后期养护过程中受边界条件约束,后期降温收缩和水化收缩比其他普通构件更易产生裂缝。

(3) 若养护时间和拆模时间过短,则混凝土未发生充分水化反应,易导致混凝土产生裂缝。

【预控措施】

(1) 选择具备自密实混凝土生产经验的成熟供应商,并提前对搅拌站进行考察。施工过程中,及时检查自密实混凝土扩展度等参数(图 9-32)。

(2) 自密实混凝土浇筑前,在适当位置开孔(浇筑孔及观察孔),观察浇筑过程是否密实。

图 9-32　自密实混凝土扩展度测定

（3）条件允许的情况下，延长顶板带模养护时间，使混凝土内部水化反应充分完成，减少裂缝产生。

拆模后的管幕结构顶板见图 9-33。

图 9-33　拆模后的管幕结构顶板

10.1 方案编制

10.1.1 编制资料收集与调查质量控制

【问题描述】

在监测方案编制前,由于相关资料收集不全或未开展深入的环境调查工作,方案内容不能满足规范、设计及管理部门要求,给施工过程和环境保护带来安全隐患。主要表现形式为:

(1)重要的建(构)筑物、管线等没有布置监测点。

(2)监测项目、方法选择和精度不满足要求。

(3)测点的位置、间距或深度出现偏差。

【原因分析】

(1)收集的环境图纸资料不完整或不是最新的,导致重要的环境保护对象被遗漏而没有布置测点。

(2)没有根据工程和周边环境的特点开展深入细致的踏勘和调查工作,造成建(构)筑物、管线等测点布置不合理,监测方法和监测精度等不能满足相关管理部门和权属单位的技术要求。

(3)设计文件、地质资料收集不全或者不是最新版,没有结合文件资料对监测项目和测点布设进行深入分析,使得监测项目选择、测点布置的位置或深度等与设计和规范要求不匹配。

(4)引用的规范、标准、控制文件等存在过期或适用范围不合适的情况,造成测点埋设不合规、监测方法不满足现行规范要求。

【预控措施】

(1)方案编制前及时收集项目相关的规范标准、设计文件、周边地形图、管线图纸、地质资料、房检报告等各类文件,与参建各方保持良好的信息沟通,多渠道获取资料的变更和补充信息,动态调整监测方案编制的依据和内容。

(2)应分析工程本身和环境保护对象的特点与难点,合理确定工程的影响范围和主要保护对象,对影响范围内周边环境的现状、裂缝等情况进行详细踏勘,做好文字描述、图片和影像资料等记录,与收集的各类资料和图纸进行对比;如有遗漏或不一致情况,应分析原因,并开展补充调查和增补资料工作,避免遗漏重要的环境保护对象。

（3）环境踏勘调查范围应满足工程等级和环境保护要求。如果工程周边分布有重要保护设施，适当扩大调查范围，并满足权属单位的要求。

（4）根据项目委托情况，指定专人负责并积极参与环境保护对象管理部门和权属单位的走访调研、协调和技术交底等工作，相关交底资料或会议纪要建档留存，作为方案编制时确定监测项目、方法精度及测点布置的重要依据，以确保方案编制内容满足管理部门和权属单位要求。

（5）监测项目和测点布置时应根据规范、设计文件要求，结合地质资料等文件确定，保证监测孔或测点的埋设深度满足对应土层位置要求，测点间距能够与所需监测土层的分层位置对应。

（6）监测方案应经委托方、设计方、监理方等相关单位认可后实施；工程涉及重要保护对象时，方案还应获得权属单位的确认。

（7）对常用的规范、标准和控制文件应定期进行版本更新和信息维护，并在正式实施前进行宣贯，以确保方案编制时监测方法、测点布置满足最新版本要求。

10.1.2 监测等级和范围控制

【问题描述】

监测等级和范围设置是监测方案编制的重要内容。监测等级判定偏低、监测范围设置偏小、重要环境对象保护区未识别，会导致方案中监测项目缺失、保护对象布点遗漏、测点布置和控制指标要求偏低，造成重要监控对象的形变情况不受控，严重时危及工程本体和环境的安全。

【原因分析】

（1）工程的结构本体安全等级确定不准确或没有采用适用参建工程类型的规范和标准，造成监测等级的判定出现错误。

（2）周边环境资料收集和调查不充分，遗漏了重要环境保护对象，造成对周边环境保护等级确定有误，导致监测等级的判定出现错误。

（3）地质资料收集和调查不充分，没有有效识别场地内对工程可能有重要影响的不良地质条件，造成监测等级的判定出现错误。

（4）确定监测范围时，未考虑既有轨道交通等有施工影响保护区范围的规定，造成监测范围划定偏小，未能覆盖有特殊保护要求的环境保护对象。

（5）确定监测范围时，未区分基坑、盾构等工程的施工类型和工艺对环境影响差异性，未考虑抽降承压水等施工措施的影响，未能合理判定施工可能的影响范围，造成监测范围划分不准确或缺乏针对性。

【预控措施】

轨道交通工程的监测等级和范围确定是监测方案编制中极为重要的环节。工程监测等级和范围的准确划分,有利于工程风险有效控制、工作量布设更具针对性和合理性。监测等级和范围的确定需要考虑工程结构本体安全、周边环境条件和地质条件三方面影响因素,三者之间是相互联系、相互影响和相互作用的。

1. 监测等级确定的控制措施

(1) 结构本体安全等级的确定应收集和分析工程本身的规模和特点、场地所处的地质条件及外界制约因素,应符合《城市轨道交通工程施工监测技术规范》(DG/TJ 08—2224—2017)第3.3.2条的规定。

(2) 周边环境保护对象的重要程度宜根据其本身的重要性、破坏后果、风险评估报告及管理部门保护要求等综合确定。在监测方案编制前,应通过收集各方资料、详细踏勘及走访调查等方式,对施工影响区范围内的环境保护对象分类建档,避免遗漏重要环境保护对象。周边环境保护等级的确定应符合《城市轨道交通工程施工监测技术规范》(DG/TJ 08—2224—2017)第3.3.3条的规定。

(3) 在详细收集场地地质条件资料的基础上,应由岩土工程师分析工程所涉及不良地质条件和地下水的风险,有针对性地制订监测项目设置和测点布置方案,按照场地工程地质和水文地质风险程度,对由结构本体安全等级和周边环境保护等级确定的工程监测等级进行调整。

2. 监测范围确定的控制措施

(1) 根据环境保护对象来确定监测范围时,应识别和分析环境保护对象特点、重要性、管理部门和权属单位要求。一般情况下,应根据轨道交通工程施工对周边环境的影响程度来确定工程主要和次要影响分区,并根据影响分区来确定监测范围;若工程在既有轨道交通、机场设施、原水引水管渠、大型桥梁和隧道等施工影响保护区范围内,应根据管理部门和权属单位要求确定监测范围并报备方案(图 10-1)。

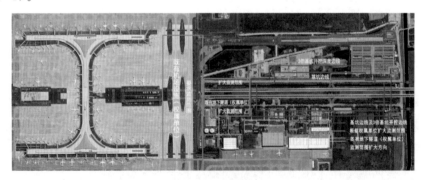

图 10-1　根据既有机场设施等权属单位要求确定监测范围

(2)根据工程施工类型和措施来确定监测范围时,应分析和评估基坑、盾构、旁通道、高架、桩基等工程类型及抽降承压水等施工措施对环境可能的影响程度和影响范围,同时考虑周边环境对象的保护要求和控制指标。

10.1.3 项目选择和测点设置控制

【问题描述】

方案编制时,监测项目和测点设置不全面、不合理,不能反映监测对象变形特征。主要表现形式为:

(1)基坑测点未布置在特征点和关键位置。

(2)圆形基坑未布置真圆度监测项目。

(3)有承压水突涌风险的基坑监测项目设置不全。

(4)建(构)筑物的薄弱位置和关键位置未布置测点。

(5)未对施工影响范围内建(构)筑物的典型裂缝布点。

(6)未设置桥梁高架结构的梁体徐变监测项目。

(7)不同的监测项目未布置在同一剖面上,无法通过不同类型的监测数据相互印证。

(8)后续施工时,未对本工程已建结构布设监测项目。

【原因分析】

(1)未识别基坑围护结构和支撑结构的关键部位和薄弱位置,布点时按一定间距均匀布置,风险较大的部位未设监测点。

(2)不了解圆形基坑的受力机理,只考虑了常规基坑的监测项目。

(3)不清楚有承压水风险的基坑需要设置什么类型的监测项目。

(4)对被测建(构)筑物的特征点位置把握不当或未深入调查。

(5)环境调查不充分、资料收集不全,遗漏建(构)筑物典型裂缝的监测。

(6)在桥梁高架结构监测项目选择时,只关注了竖向位移变化,忽视了梁体徐变监测的重要性。

(7)对监测数据应进行综合分析、关联分析的重要性认识不足,导致在监测项目和测点位置的选取上较片面,未能形成有效的监测断面。

(8)编制方案没有动态考虑周边环境新的变化情况,忽视了后续施工对工程本身已建结构的影响。

【预控措施】

(1)应结合基坑围护设计图纸、地质资料和周边环境情况布设测点,在满足规范要求均布测点基础上,对于基坑各边的中间位置、阳角部位、不同围护类型结合部、基坑深度变化处、支撑计算受力较大处、地质条件复杂处、邻近重要环境保护处等关键位置应布设测点。

（2）圆形基坑围护结构受力和变形的均衡性很重要,应设置圆形基坑真圆度监测项目来监控圆拱效应的发挥效果。

（3）先计算承压含水层顶面至基坑坑底之间的土层重度与承压含水层顶部水压力的抗承压水分项系数值;当系数小于 1.05 时,应布设观测孔以监测承压水位,宜每根立柱布设沉降测点,观测承压水作用下立柱桩的隆起变化。

（4）应结合收集的建(构)筑物图纸、检测报告和实地调查的记录与影像资料,在建(构)筑物的伸缩缝、不同基础形式和新旧建(构)筑物结合部位、结构受损部位、地下管线转角部位、隧道结构的变形缝、桥梁的墩台等容易发生变形的关键位置布设测点,同时应避免出现测点仅布设在邻近施工区域一侧而无法反映建(构)筑物整体变化的情况。

（5）环境调查工作不能流于形式,应结合房屋检测报告等进行深入、全面的调查,梳理和记录建(构)筑物主要裂缝的分布位置、形态、长度、宽度等特征信息;对典型裂缝应统一编号,观测其后期发展情况。

（6）高架桥梁除了进行竖向位移监测外,还要关注其扰度变化,应按《城市轨道交通工程施工监测技术规范》(DG/TJ 08—2224—2017)第 7.2.2 条的规定设置梁体徐变监测项目。

（7）工程结构、周边环境、周边水土体三者之间的受力和变形是相互影响的。不同监测项目、不同测点布置时,应考虑彼此间数据能够相互印证,如围护墙深层水平位移测点应与顶部变形测点对应布置,立柱测点应与支撑内力测点对应布置,地表沉降剖面测点宜与深层水平位移测点对应布置等。

（8）编制方案时,应详细了解工程施工的先后顺序,本工程已建结构如在后续施工的影响范围内时,应对其设置监测项目和测点。例如,盾构法双线工程后建线路施工时,应对在其影响范围内先建线路的隧道结构进行监测;轨道交通车站附属结构基坑施工时,应对范围内已经形成的主体车站或隧道结构进行监测。

10.1.4 监测频率和报警值设置控制

【问题描述】

监测频率和报警值设置不合理,导致不能反映监测对象的重要变化过程,错过报警时机,甚至造成责任事故。

【原因分析】

（1）设计文件和图纸有更新,方案未根据最新版设计文件及时调整和确定监测频率和报警值。

（2）被测对象有权属单位特殊保护要求,未征求相关单位意见及召开协调交底会议,监测频率和报警值确定不能满足保护要求。

（3）没有识别不同领域监测对象的差异性，未注意规范的适用性和有效性，造成监测频率和报警值确定错误。

（4）累计报警值存在按绝对值和相对基坑深度值双控指标时，未取二者中的小值。

（5）只注意了被测对象的绝对沉降量，未考虑不均匀沉降对其可能造成的安全隐患，方案中未设置差异沉降报警值。

【预控措施】

（1）与委托单位、设计单位及时保持沟通，参加相关工程会议；及时掌握和获取不同版本的设计资料，并建档保存；按照最新有效版本设计文件确定方案中的监测频率和报警值，并经设计单位确认。方案编制后，如涉及监测频率、报警值等重要参数需要调整时，应再次经设计单位确认。

（2）针对施工影响范围的保护对象进行分析和梳理，当管理部门和权属单位有特殊保护要求时，应由相关单位牵头组织协调和交底会议，明确监测的控制标准和监测频率要求，并完成报审手续。

（3）不同领域的监测对象可能会有对应规范报警值控制要求。既有铁路线路结构及轨道几何形位监测项目报警值应符合《铁路轨道工程施工质量验收标准》(TB 10413)的有关规定；既有城市轨道交通线路结构变形监测项目报警值应符合《城市轨道交通结构监护测量规范》(DG/TJ 08—2170)的有关规定。

（4）当对监测对象变形控制要求严格、设计要求按基坑开挖深度分阶段设置报警值时，应根据相对基坑开挖深度动态设置阶段报警值，并与累计报警值进行对比，取累计报警绝对值和相对基坑深度值二者中的小值，避免出现前面阶段施工时变形量已接近累计报警值、后续施工控制变形难度加大的情况。

（5）管线、建(构)筑物、隧道管片结构、桥梁结构等均有控制差异沉降的要求，报警值应根据累计沉降值、变化速率和差异沉降三个方面进行衡量判断。刚性管线的差异沉降量应按管节长度的0.25%控制，建(构)筑物差异沉降量宜按相邻基础中心距离的0.1%～0.2%控制，隧道结构差异沉降宜按隧道轴线两测点间距的0.04%控制，轨道交通高架线路相邻承台的差异沉降应按3 mm控制。

10.2 测点布置

10.2.1 测点埋设质量控制

【问题描述】

测点埋设过程中，埋设的方式、深度、位置、方向等问题导致测点埋设质量不达标，不能准确反映监测对象的数据变化情况，严重时造成测点失效，甚至影响被测结构安全。主要表现形式为：

（1）基准点埋设位置不稳固（图10-2）。

（2）地表、管线及围护体沉降测点没有埋设在被测对象的主体结构上（图10-3、图10-4）。

（3）围护墙（或钻孔）内埋设的测孔及传感器深度、位置与设计要求不符。

（4）围护墙（或钻孔）内埋设的水、土压力传感器被混凝土包裹，未与被测介质紧密接触。

（5）测斜管槽口未对准位移变形的主控方向（图10-5）。

图10-2　基准点布设在临时交通设施上

图10-3　测点布设在重力坝压顶板上

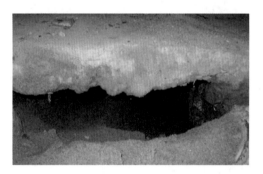

图10-4　测点布设在道路硬壳层

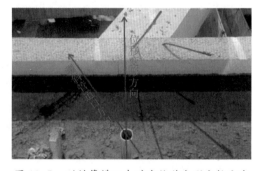

图10-5　测斜管槽口未对准位移变形主控方向

（6）混凝土支撑轴力钢筋计没有埋设在四边中部主筋位置（图10-6）及支撑弯矩最小处。

（7）钢支撑轴力计没有埋设在支撑的固定端，轴力计与钢支撑和围檩之间无加固保护措施（图10-7—图10-9）。

（8）盾构管片水平收敛测点未布设在水平直径处。

（9）静力水准管路中存在气栓（图10-10）。

【原因分析】

（1）对施工影响区范围、稳固建（构）筑物类型及深埋基准点的技术要求认识不充分，没有分析基准点准备埋设位置是否存在其他外部影响因素，导致将基准点埋设在影响区范围内或不稳固的建（构）筑物上。

图 10-6　钢筋计绑扎在四边角部

图 10-7　轴力计与地墙连接构造不满足抗剪要求

图 10-8　钢围檩加固不力造成轴力计内陷

图 10-9　轴力计安装在活络端

图 10-10　静力水准管路中存在气栓

　　(2) 未对被测对象的结构特征进行深入调查分析,出现管线和地表测点布置在道面硬壳层上、重力式挡墙顶部测点布设在刚度很大的压顶板上等情况。因数据不能准确反映路面下方土体和管线、重力式挡墙压顶板下面搅拌桩的真实变化情况,路面与下方土体脱空而无法及时发现,压顶板下搅拌桩已成排倒塌而数据变化不明显,从而造成事故。

　　(3) 没有充分分析地层的分布特点、设计要求,造成水位测孔未进入需观测的含水层,埋设的围护墙侧或土体内传感器位置与预设土层位置不一致等问题。

（4）受地下连续墙垂直度、槽壁稳定性及施工技术水平等因素影响,当采用挂布法埋设水土压力传感器时,在埋设较深、砂性土层情况下不能保证传感器与被测的土层或含水层紧密接触,墙体浇筑混凝土过程中传感器容易被包裹,导致失效。

（5）灌注桩施工时,钢筋笼下放过程容易发生扭转,钻孔埋设时测斜管也易发生偏转。埋设过程中,如果施工人员经验不足,未及时采取措施,会造成测斜管槽口没有对准位移变形的主控方向。

（6）不了解混凝土支撑的受力分布特征、外界温度等因素对钢筋计埋设位置的不同影响,造成混凝土支撑轴力测值不准确。

（7）没有掌握钢支撑本身结构的薄弱环节,造成轴力计安装部位和保护措施不当,导致钢支撑结构存在安全隐患。

（8）不了解盾构隧道断面结构特征且布点经验不足,无法准确确定水平直径位置,导致收敛点布设位置存在偏差。

（9）静力水准自动化系统安装时,由于安装经验欠缺,连通管内传导液体灌注过程中气栓没有排除干净,导致系统运行时数据波动大、准确性差。

【预控措施】

（1）基准点应设置在施工影响范围外稳固且易于保护和观测的位置,如分别利用城市水准深标点、高架立柱点作为基准点(图 10-11、图 10-12)。布设应符合《城市轨道交通工程监测技术规范》(GB 50911—2013)第 7.1.2 条的规定。

图 10-11　利用城市水准深标点作基准点　　　图 10-12　利用高架立柱点作基准点

（2）在地表、管线及重力式挡墙沉降测点埋设前,先分析布点位置现场实际情况,掌握规范和标准对测点埋设要求,应避免在厚度和刚度均较大的路面硬壳层及压顶板上直接布设沉降点,埋设要求应符合《城市轨道交通工程施工监测技术规范》(DG/TJ 08—2224—2017)第 4.2.10 条和第 9.2.5 条的规定。图 10-13 所示为采用深层沉降点埋设方式观测管线沉降变形。

（3）在测孔、传感器埋设前,应根据地质条件、设计要求及现场情况编制埋设方

图 10-13 采用深层沉降点埋设方式观测管线沉降变形

案,充分了解地层、含水层的分布范围和埋置深度,预先设计计算好测孔和传感器的埋置深度、量程等数据,按适度冗余量要求采购材料并进行验收;埋设过程中按埋设方案、传感器安装说明书、仪器操作规程执行,及时检验测孔和传感器的埋设位置、深度、存活率情况。

(4)根据地质资料、设计图纸和施工方案,针对需要埋设传感器和测孔位置的地层性质、现场情况进行调查分析。在地下连续墙对应砂性土容易发生槽壁坍塌位置,可采用气动式安装装置埋设水、土压力传感器(图 10-14),按设计的压力控制气顶装置的行程,使传感器与地层紧密接触。埋设水位观测孔时,应避开土体的加固区,保证布设孔位数据能反映水位真实变化量。

图 10-14 气顶法安装墙体土压力计

(5)在安装有测斜管的灌注桩钢筋笼下放及钻孔埋设下放测斜管的过程中,及时调整测斜管槽口,使其中一组导槽与主控方向保持一致(图 10-15)。当钢筋笼或测斜管下放至预设深度位置时,复核测斜管导槽方向并固定后,再进行混凝土的灌注和钻孔侧壁的回填。

(6)钢筋混凝土支撑在支撑长度的 1/3 部位处弯矩最小,试验表明,钢筋计布设在支撑钢筋笼截面四边中部时(图 10-16)受到外界温度等因素的影响最小,埋设前应做好技术交底工作,埋设要求应符合《城市轨道交通工程施工监测技术规范》(DG/TJ 08—2224—2017)第 4.2.5 条的规定。

图 10-15 管槽与主控方向保持一致

图 10-16 钢筋计埋设在支撑截面四边中部主筋

(7)钢支撑的固定端结构稳定性较好,应将轴力计安装在相对稳定的支撑固定端,确保轴力计轴线与钢管支撑的轴线重合,使偏心受压,钢支撑与围檩之间应做好加固措施,保证钢支撑受力体系的稳定性。埋设前应做好技术交底工作,埋设要求应符合《城市轨道交通工程施工监测技术规范》(DG/TJ 08—2224—2017)第 4.2.5 条的规定。

(8)根据收集的盾构管片设计资料,按照需要布点的盾构管片的类型,确定盾构隧道水平直径端点位置,布设水平收敛测点(图 10-17)。布置完成后,需核对测点间水平距离与设计管径长度,以保证测点布设位置准确。

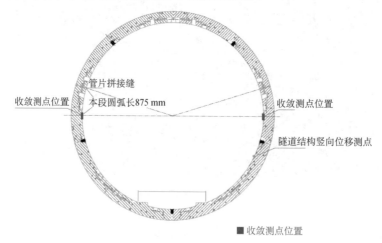

图 10-17 6.2 m 外径的混凝土管片隧道(剖面)收敛测点布置方法

(9) 在静力水准系统安装时,应缓慢匀速地灌液;若隧道内坡度大、管路距离较长,排气泡考虑采用真空压力泵进行辅助。灌液完成后,全管路逐段检查、排除气泡,水准管路中采用红墨水等有色液体(图 10-18),让残留的气泡更容易被发现。在系统运营期内,应定期检查管路内是否需要补充液体、是否存在气栓等,如发现有异常,应及时排除,具体操作方法见图 10-19。

图 10-18　水准管路中灌入有色液体

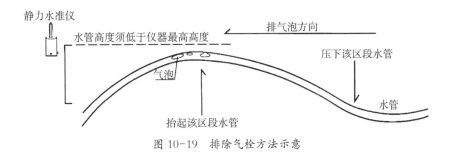

图 10-19　排除气栓方法示意

10.2.2　传感器配置质量控制

【问题描述】

由于对传感器使用场合调研不足或对测点数据变化量预估偏小等,所选用的传感器指标不符合测控要求,埋设后不能准确反映数据变化情况,造成被测对象的风险状况无法掌控而引发安全隐患。主要表现形式为:

(1) 传感器的量程、精度及功能不满足项目要求。

(2) 传感器的使用寿命不满足项目要求。

(3) 传感器与自动化采集设备的兼容性差,数据丢包严重。

【原因分析】

1. 主观臆断

没有综合考虑使用场景、设计要求、评估报告和计算结果,仅凭主观臆断选配传

感器,导致出现如下类似问题:

(1)埋设深度大,超出传感器压力量程范围。

(2)设计控制精度为毫米级,而埋设的传感器实际精度只能达到厘米级。

(3)被测对象获取应力变化的同时还要进行温度修正,但埋设的传感器却不具备测温功能。

(4)地层深部埋设的传感器无法承受超高水压,导致防渗功能失效。

2. 未考虑功能需求

没有综合考虑规范标准、监测周期及安装条件对传感器使用寿命的功能需求,导致所选用的传感器性能老化、精度下降,甚至出现无法正常工作的情况。

3. 传感器兼容差

传感器及自动化采集设备的种类很多、生产厂商也很多,由于传感器激励方式、输出信号及参数的不同,兼容性较差,造成数据丢包严重。

【预控措施】

(1)应结合设计要求、理论计算结果进行传感器量程、精度、功能及防护要求的选配,其量程上限宜取设计或理论计算最大值的 1.5 倍,精度不宜低于 0.5%FS,分辨率不宜低于 0.2%FS,功能和防护要求应根据设计要求及实际使用情况确定,优先选用匹配误差较小、稳定性好、密封性好、抗冲击性能强和坚固耐用的传感器,以满足测控及计算分析的要求。

(2)采购传感器前,应充分考虑工程施工监测周期。如预埋的传感器需要在运行期延续监测,应详细了解拟购传感器耐久性、运营期等特殊应用场景防护要求情况,选择传感器的使用寿命应覆盖监测周期的 1.2~1.5 倍,以防传感器损坏而造成后期数据缺失。

(3)采购传感器及自动化采集设备前,应充分调研传感器和采集设备性能、激励方式、通信协议等,并进行兼容性测试。根据自动化监测需求,应选择成熟可靠的采集设备,尽量适配相同厂家传感器,同时应采取人工比对方式对自动化设备获取的数据进行定期复核。

10.3 监测实施

10.3.1 测点有效性控制

【问题描述】

实施过程中,由于对测量管、传感器、线缆等预埋的元器件所设置的标识及保护措施不到位,测点在施工过程中被遮挡、覆盖或破坏而无法有效使用,造成测点成活率低、数据缺失等问题,严重时会出现监控盲区,危及工程本体和周边环境的安全。

主要表现形式为:

(1)测点被遮挡或覆盖。

(2)测孔被破坏或堵死(图 10-20)。

(3)传感器及导线被损坏(图 10-21)。

图 10-20 挖掘机凿桩造成测斜管破坏 图 10-21 传感器导线施工过程中被破坏失效

【原因分析】

1. 测点被覆盖

监测人员没有做好埋设测点的标记、标识及现场与施工人员的交底,不了解施工场地布置情况,导致测点被土方、钢筋等堆载物覆盖。

2. 测孔失效

(1)测斜管接头处密封效果差、槽口对接不良,造成混凝土或泥浆进入测孔,导致死孔或深度不足、测斜仪探头卡槽无法使用。

(2)地墙深度较深时,埋设的测斜管材质性能较差,不能适应超深地墙深度压力较大及混凝土水化热较高的环境,测斜管发生形变、开裂,造成测孔损坏。

(3)清理围护桩/墙顶部浮浆过程中,测斜管被凿穿、破碎,造成管内堵塞。

(4)水位管埋设后没有及时用清水洗孔,造成水位管滤管段被泥浆堵塞失效;水位管管口保护不当,地表水进入水位孔,导致测孔实效。

(5)测孔顶部出露地表部分未采取保护措施,造成测孔被施工或车辆破坏,泥浆或杂物堵塞测孔。

3. 传感器及导线受损

在钢筋笼焊接制作、混凝土浇捣、围护桩/墙顶部浮浆清理、土方开挖等环节,由于传感器埋设及导线防护不力,传感器受到施工过程中高温、外力等作用,造成损坏。

【预控措施】

1. 测点保护

测点保护是监测工作的重要环节,埋入混凝土结构内的测点难以修复,往往具有

"唯一性"特点,因此做好测管、传感器等测点的安装埋设及后期保护工作极为重要。埋设测点前,先与施工单位沟通,收集工程的施工方案和场布图纸,尽可能避开施工要道、堆场及后期施工会影响预埋测点的位置;埋设完成后,对预埋的测点应做好现场标识牌和警示标记(图 10-22),形成现场测点布置图,并与施工人员交底,使施工人员在施工过程中能够避让和采取措施共同保护测点;如遇测点被破坏或覆盖的情况,应及时与施工单位沟通协调,尽可能采取修复、清场、重设等补救措施,以保证测点的有效性。

图 10-22　测点标识牌

2. 测管保护

(1) 测斜管安装拼接时,安装人员应重点关注管节间槽口对接和密实情况,接头处采用胶水和胶带加以密封;测斜管下放过程中,有条件时,向管内灌注清水以平衡管内外压力差;安装完成后用模拟探头检验埋设效果。

(2) 根据地墙内测斜管的埋置深度确定所选用的测斜管材质。相较于 PVC 材质测斜管,ABS 材质测斜管具有强度高、韧性好、耐热性好等特点,可在深度超过35 m 地墙内使用。

(3) 预埋测斜管上部端头处使用长度 80～120 cm 的保护套管(图 10-23)加以保护,端头位置在围护墙(桩)顶部钢筋下 20 cm,同时管口内塞入蛇皮袋保护,塞入深度应根据围护墙(桩)浮浆凿除深度确定;在围护图纸上标注预埋测斜管的围护墙(桩)的编号和位置,在围护墙(桩)顶部浮浆清理过程中加强巡视;施工到预埋测斜管位置前,应及时与施工单位联系,采用小型风镐施工代替大型挖掘机凿除浮浆(图 10-24),同时监测人员现场值守指挥,以免测斜管凿破后混凝土块卡入孔内,导致测孔无法有效使用。

(4) 监测水位孔钻孔孔径不应小于 110 mm,水位管直径不宜小于 70 mm;将水位管下放到位后及时用清水洗井置换泥浆,水位管滤管段管壁外回填洁净的中粗砂,滤管段以上用膨润土封孔。

（5）测孔的管口应加专用保护盖,为不影响施工道路交通,应尽量设置低于地表的保护井(图 10-25),同时在保护井盖板上设置醒目提示标记。

图 10-23　测斜管上部套管保护　　　图 10-24　采用小型风镐凿桩有效保护测斜管

图 10-25　砌保护井有效保护测孔

3. 传感器及导线保护

（1）埋设于围护墙(桩)、混凝土支撑内的钢筋计在钢筋笼焊接过程中应采用湿抹布包裹并不断浇水冷却,避免焊接高温损坏钢筋计的钢弦和导线的保护层。

（2）围护墙(桩)内埋设传感器及导线走线的位置应避开混凝土浇筑导管仓部位,以免导管插碰传感器,引起导线损坏。

（3）应将预埋的传感器导线接头作防水处理后统一引至安装在墙(桩)顶部 80～120 cm 长的保护套管内加以保护(图 10-26),同时施工过程中与施工单位人员进行交底并值守保护,避免传感器导线被凿断或者芯线被拉断。

（4）支撑轴力传感器导线应固定并牵引至基坑边缘的安全地带,宜将线头引入专用保护箱内加以保护(图 10-27)。

10.3.2　监测方法控制

【问题描述】

由于监测方法设计不合理、仪器操作不规范、初始值采集滞后或阶段性归零、监

图 10-26　加钢套管及接头防水处理保护传感器导线　　图 10-27　传感器导线的保护

测频率与规范或工况不符等,测量数据不正确或误差较大,无法掌握被测对象的真实形变。

【原因分析】

(1)水准测量线路设计中,视距超限、前后视距不等、测点高差大、水准尺读数超限、闭合水准线路测站数为奇数等因素,导致水准线路闭合差超限,测量数据的精度不满足测控要求。

(2)测斜仪操作过程中,出现放入测孔内未静置恒温、未按规定间距采集数据、未按正反两方向量测等不规范操作,导致测斜数据结果偏差大。

(3)施工开始后,初始值未及时采集或未进行校核修正错误,导致监测对象受施工影响,数据信息不完整,甚至出现关键变形数据缺失的情况。

(4)因存在分部、分项施工情况,为减小分部、分项施工共同影响范围内环境保护对象的监测变形量,采用监测数据阶段性归零方式处理,导致无法掌握环境保护对象受施工全过程影响的总体变形情况,增加了工程本体和环境的安全风险。

(5)对施工现场工况掌握不全面,对动态监测的重要性理解不深刻,没有紧跟施工工况采取符合要求的监测频率,导致因监测间隔时间长,错过关键的施工工况,未及时发现工程安全隐患。

【预控措施】

1. 路线设计

(1)严格按照《国家一、二等水准测量规范》(GB/T 12897)的规定设置好测量参数,按要求进行观测、检核。

(2)初始线路测量完成后,及时绘制水准线路图,现场应固定转点、线路走向和测量人员,增加固定仪器。

(3)加强技术交底和日常技能培训、检查工作。

2. 掌握仪器性能与操作要点

(1)仪器操作前,应仔细查阅操作说明书,了解仪器主要性能和掌握操作要点。

（2）按照《城市轨道交通工程施工监测技术规范》(DG/TJ 08—2224—2017)第 10.6.8 条的规定实施。

（3）测试间距应与测斜仪上、下导轮间距相同,保证测点数据的连续性。比如,常规滑动式测斜仪导轮间距为 0.5 m,测试间距应设置为 0.5 m。

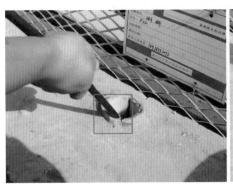 

（a）错误做法　　　　　　　　（b）正确做法

图 10-28　导线标记应对准孔口基准位置、拉线时保持垂直

（4）测孔初始测量时,标记好孔口基准位置,电缆测量刻度线位置应每次对准孔口基准位置(图 10-28),保证每次测量时测点位置一致性。

（5）测斜仪数据应待测值稳定后进行存储记录。匀速地拉线和测试人员间的默契配合,对测试速度和数据质量有较高的提升作用。

3. 全生命周期监测

工程监测周期应覆盖施工的各个阶段,如果有要求,监测工作应从施工期延伸至运营期,实现全生命周期的监测。监测项目的初始值应在施工可能造成影响前完成测点布设和初始值采集、校验,使后续的监测数据能有一个准确的对比基准,掌握施工对被测对象总体影响程度。

4. 关注共同影响范围内的不同监控对象

一般情况下,监测对象存在受力或变形的极限,规范或设计单位会提供累计报警值。如果在第一个分部分项工程完成后、第二个分部分项工程开始前对邻近环境对象的变形数据归零重新开始计算,会掩盖其已有施工造成的影响,带来不可控的风险。应对同一工程中不同分部分项工程共同影响范围内监控对象的数据进行累加,可在监测报告中体现各分部分项工程的影响程度。

5. 自动化监测

施工过程是动态的,工程本体和环境变形风险也是动态的,监测频率应以能够及时、系统地反映不同工程施工时监控对象的变化规律为前提确定,如轨道交通盾构推进过程中,在盾构机施工主要影响范围内,监测频率需要保持每天监测 2 次。在条件允许时,可以采用自动化监测方法对监控对象实施监测,保障重要监控对象的安全。

10.3.3 测量仪器控制

【问题描述】

实施过程中,未结合工程监测等级选择精度等级匹配的仪器,未及时有效对仪器进行鉴定或核查,导致测量仪器准确性、稳定性等功能不满足测控的需求,造成采集的数据不准确或无法解释。主要表现形式为仪器测量精度低、仪器性能不稳定、仪器数据无法溯源。

【原因分析】

(1)对于不同监测等级的仪器精度要求不了解,或者监测单位没有选择符合要求的测量仪器设备,导致测量数据误差不能满足规范要求。

(2)未按测量仪器设备管理要求进行定期检定或校准,测量仪器处于脱检状态,导致测量数据的可靠性无法溯源。

(3)监测人员对测量仪器设备的日常保养、状态核查不到位,仪器"带病"工作,出现仪器功能不全、性能不稳定等情况,造成测量数据误差大或不能使用。

【预控措施】

(1)按照工程监测等级、规范要求确定和采购满足精度要求的测量仪器,同时准备同精度的备用仪器。工程进场使用前,报项目监理单位审批、备案。采用全站仪进行水平位移测量时,其仪器精度应符合《建筑基坑工程监测技术标准》(GB 50497—2019)第6.2.4条和第6.2.5条的规定。

(2)应根据计量要求,在规定的期限内将仪器送专业机构进行检定,取得检定报告,并应按要求定期自检,保留自检记录,以保证数据有源可溯。

(3)测量仪器使用前应检查仪器状态,使用完成后应做好日常保养工作,如电子仪器设备的充电、防潮检查,仪器设备零部件的防锈处理、防磨损处理以及更换等。正常状态下,全站仪和光学水准仪应每隔半个月对相关指标进行自检,电子水准仪每次使用前应对 i 角进行检核、修正等。

10.4 信息反馈

10.4.1 数据处理分析质量控制

【问题描述】

数据处理分析过程,由于作业人员经验不足或处理方法错误,数据分析与实际工况不匹配、数据无法反映变形规律,无法为安全施工和风险控制提供数据支撑。主要表现形式为数据记录不规范、巡视描述不具体、数据处理不正确。

【原因分析】

（1）作业人员的外业记录不规范,随意涂改原始数据,导致重要的监测数据记录和信息不准确,甚至被遗漏。

（2）作业人员对巡视内容不重视或对要求理解不充分,导致重要的巡视内容缺失或巡视记录描述不具体,作业人员对施工状况和异常情况不了解,无法结合巡视情况对监测数据进行合理分析以信息化指导施工。

（3）在数据处理过程中,未严格执行相关作业规程的步骤和技术要求来计算公式或参数错误,导致数据误差超出精度控制要求或造成数据出现严重错误。

【预控措施】

（1）外业记录不规范主要源于监测单位指导性不足和作业人员态度不端正,应编制作业指导书,并做好作业人员外业记录的培训与交底工作。

（2）巡视是监测工作的日常重要组成部分,宜安排专人负责。应结合施工工况、工程本体、周边环境、测点及元器件的完好状况等填写现场巡视记录,其中周边环境现场巡查内容较多,可参照《城市轨道交通工程施工监测技术规范》(DG/TJ 08—2224—2017)第9.3.1条的相关要求执行。

（3）数据处理应遵守相关作业规程的步骤与要求,采集完成后进行必要的校核,如水准测量完成后检验闭合差是否超限。首次数据处理时应检查计算公式和参数的准确性,避免出现类似钢支撑轴力计算时钢管壁厚数据错误等问题。

10.4.2　警情报送质量控制

【问题描述】

警情报送是监测工作的重要环节,"反馈"贵在及时、准确和完整。但是在实际工作中,多种原因往往会导致警情报送不及时、未报警、误报警或警情信息不完整等,造成风险隐患不能得到及时、有效地控制。

【原因分析】

（1）外业采集完成后数据处理滞后,警情报送不及时。

（2）监测报告提交前,未安排有经验人员进行检查,遗漏关键报警信息或数据应报警而未报警。

（3）警情报送资料未当面签收、确认,或未送达相关人员。

（4）由于自动化监测系统受传感器、温度、施工扰动等因素的影响,自动化监测数据稳定性保证较为困难,往往会出现一些非施工因素产生的偶然数据,如未采取有效的处理措施,会出现监测数据误报警现象。

【预控措施】

（1）应查明外业数据处理滞后的原因,制定监测数据信息反馈时间节点的制度,采用培训及合理配备资源等方式提高作业人员的数据处理效率,积极开发监测数据处理发布系统,及时通过电话、微信群或信息化平台等方式将报警信息通知参建各方,并在 2 h 内提交书面警情报告。

(2)除了常规数据采集和处理人员外,监测单位还应配置具备数据综合分析能力的有经验的岩土工程师,做好对关键工况、关键数据、报警信息的复核工作,结合监测数据及巡视情况分析判断工程的风险状态。

(3)监测数据报警后,应同时报送业主、施工、监理及设计单位,警情资料报送应不遗漏主要人员并留有签收记录,宜采用信息化平台实时发布警情信息。

(4)自动化监测系统和信息化发布平台应针对自动化监测开发异常数据识别和判伪功能,在系统中集成通过验证的功能算法,实现对自动化监测数据的自动处理、误差修正及警情报送。

10.4.3　应急响应措施有效性控制

【问题描述】

工程施工阶段,在发生突发事故或存在重大风险隐患情况下,没有成熟的应急预案、缺乏应急装备或应急抢险经验,导致应急响应措施不到位,工程及周边环境遭受巨大损失。

【原因分析】

(1)未编制应急预案或应急预案流于形式,没有根据不同风险源特征制定应对措施,导致在紧急事件发生时,不能及时有效地响应应急抢险工作。

(2)未配备应急抢险资源或配备的抢险资源不足,包括应急人员、测量仪器、布点设备等,在紧急事件发生时,抢险资源不能及时到位。

(3)缺乏应急抢险演练,抢险人员的抢险经验和能力不足,抢险监测的技术和方法不准确,未能在第一时间开展应急抢险工作。

【预控措施】

(1)监测单位应成立工程应急管理领导小组,依据相关法律、法规及参建工程特点有针对性地制定应急预案,编制内容包括适用范围、组织管理机构、预防措施、应急响应分级、应急响应措施、应急保障措施等,应急领导小组负责预案的制定、审查、修订、实施等相关工作。

(2)监测单位应根据应急响应预案,配备应急人员与装备,其数量应满足抢险需要;应急装备应单独存放,且处于显要位置;应保证装备取用及时、方法简单且不被挪用;救援和抢险装备应设专人保管,并应建立相应的维护、保养和调用制度。

(3)监测单位应每年开展针对性应急演习,演习内容包括险情分析、前期处置、资源调集、增补测点、应急监测、数据评估等。监测单位组织机构成员必须 24 h 手机开机,确保信息通畅。一旦应急预案启动后,监测单位应急人员及仪器设备应保证在白天 1.5 h 内、夜间 2 h 内到达现场。

11.1　道床基底

11.1.1　道床基底混凝土面标高、平整度控制

【问题描述】

道床基底混凝土面标高偏差大、平整度不达标(图 11-1)。

图 11-1　基底混凝土面标高偏差

【原因分析】

(1)标高控制措施不到位,作业人员技术及责任心不强。

(2)管理人员疏于过程质量管理。

【预控措施】

(1)加强质量技术交底、工人质量意识及过程质量控制。

(2)监理工程师检查施工单位测量资料是否根据最新调线调坡资料计算。施工单位放样完成后,监理工程师报检时应根据现场标高标识进行检查,合格后方可浇筑混凝土。

(3)监理工程师在混凝土施工旁站时随时检查,根据标高标识检查抹面高度。抹面时,督促作业人员随时使用靠尺或其他测量工具进行平整度检查。

11.2　预制道床

11.2.1　预制轨道板限位凹槽质量控制

【问题描述】

预制轨道板限位凹槽钢筋保护层(图 11-2)不足,限位凹槽深度不达标(图 11-3),歪斜,边角损坏。

图 11-2　限位凹槽钢筋保护层　　　　图 11-3　限位凹槽深度不达标

【原因分析】

(1)预制板基底钢筋网片整体可以移动,施工过程中容易发生位置偏移,导致钢筋紧贴模板,钢筋保护层过小。

(2)限位凹槽模板固定不牢,混凝土浇筑过程中移位、上浮;模板未涂脱模剂,拆模未采取相应措施。

【预控措施】

1. 保护层质量控制

(1)加强施工交底,提高施工人员成品保护意识,杜绝人为产生钢筋网片位置偏移,钢筋网绑扎完毕后严禁踩踏。

(2)加强半成品钢筋的加工制作,严格控制钢筋加工尺寸。

(3)严格执行隐蔽工程验收检查制度,着重对限位凹槽钢筋保护层进行检查。

(4)监理工程师检查施工交底钢筋保护层厚度控制值是否满足设计要求,允许偏差是否满足验收标准。

2. 限位凹槽质量控制

(1)混凝土浇筑前,检查限位凹槽模板的位置是否正确、固定是否牢固。

(2)混凝土在浇筑过程中,注意避免其移位,禁止采用振捣棒直接作用在模板上。

(3)限位凹槽模板安装前涂好脱模剂,拆模采取正确的方法和措施,禁止生拉硬敲。

11.2.2 预制轨道板自密实混凝土质量控制

【问题描述】

预制轨道板自密实混凝土填充层灌注不到位,边角充填不密实,与轨道板间出现离缝(图 11-4、图 11-5)。

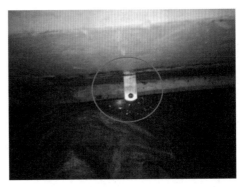

图 11-4 自密实混凝土填充层边角充填不密实　　图 11-5 自密实层与轨道板间出现离缝

【原因分析】

灌注时,自密实混凝土性能不达标。自密实混凝土的性能指标往往是在下料口进行测试,由于运输距离较长,到达灌注地点时,自密实混凝土的性能已有所改变,导致流动性差。

【预控措施】

(1)试验人员从源头进行检查监控,每次混凝土灌注前,试验员必须到拌合站进行驻场,对原材料、搅拌质量、计量精度和出厂混凝土性能进行控制。

(2)自密实混凝土到场后,检测各项性能指标是否满足相关要求。检测完成后,用小桶装半桶自密实混凝土晃动 1 min,检测是否离析,合格后方可灌注。

(3)灌注自密实混凝土前,现场带班人员、质检人员必须对预制轨道板压紧装置进行复查,发现问题及时处理。

(4)监理工程师严格审核施工单位揭板试验方案,对揭板试验过程进行旁站,严格记录自密实混凝土各项参数,做好旁站记录。揭板后,对自密实混凝土面进行检查,并留存影像资料。揭板验收合格后,确定自密实配合比;更换配合比时,应再次进行揭板试验。

(5)监理工程师进行隐蔽工程验收时,严格检查轨道板支撑措施是否到位,模板搭设是否牢固,对压紧装置及半成品保护情况进行检查。

(6)灌注时,监理工程师应全程旁站,时刻关注预制板是否移动,通过检查孔观察自密实混凝土流动情况。灌注完成拆模后,预制板四角的观察孔未有自密实混凝土自留溢出的,应揭板并重新灌注。重新灌注前,检查道床底板钢筋、限位凹槽及轨道清洁情况,应无混凝土残渣、积水及其他垃圾。

11.2.3 预制浮置板基底标高、平整度控制

【问题描述】

道床基底混凝土面标高偏差大、平整度不达标,导致隔振器内调高垫板超出设计数量(图 11-6)。

【原因分析】

(1)基底标高控制不严格。

(2)技术交底流于形式,交底不到位。

(3)现场工人质量标准低,不管垫片厚薄,随意使用。

【预控措施】

(1)技术人员严格控制基底标高(图 11-7)。标高控制点按照 150 cm 进行布设,数量必须足够,每个断面应布置 4 个控制点。

(2)在工人收光、抹面时,测量人员必须再次对控制点标高进行测量,确保标高精度。

(3)收光、抹面工作和标高控制时,技术、质量人员必须全程进行监督检查。

(4)混凝土浇筑时,监理工程师应全程旁站,对混凝土面收光工序、标高控制点进行检查,根据标高控制点使用靠尺对混凝土面进行测量。

图 11-6 隔振器内调高垫板超出设计数量   图 11-7 基底标高控制

11.3 现浇道床

11.3.1 轨排组装质量控制

【问题描述】

轨枕歪斜、不方正,轨枕间距超标,扣件螺栓在混凝土浇筑前未拧紧到位,轨枕出现空吊(图 11-8—图 11-11)。

图 11-8 轨枕歪斜、不方正

图 11-9 轨枕间距超标

图 11-10 扣件螺栓未拧紧到位

图 11-11 轨枕、支承块掉空,与道床产生离缝

【原因分析】

1. 轨排组装不合格

(1)轨排组装时,未按轨节表标注布枕。

(2)钢轨上未标注轨枕线,或未按轨枕线布枕。

(3)现场有障碍需要局部调整轨枕位置时,轨枕调整不到位。

(4)操作工人技术不熟练,责任心不强。

(5)管理人员疏于控制施工过程的质量。

(6)轨排运输平板车上未安装转向架,通过小半径曲线时,易导致轨枕不方正。

2. 扣件螺栓松动

(1)螺栓未拧紧,螺栓不冒头。

(2)留置施工缝时,混凝土距轨枕底部距离过小,新混凝土无法进入,造成轨枕底部掉空。

(3)轨枕下部振捣不足,混凝土不密实,拆模后出现掉空、离缝等现象。

【预控措施】

(1)做好施工前的质量技术交底工作,提高作业人员的质量意识,质量管理人员加强作业中的质量巡视检查。

（2）轨排组装完成后，对螺栓全面加力，达到设计扭矩。整体道床混凝土浇筑前，对螺栓进行复紧，加强质检。质检员逐个检查，未验收合格不得进入下道工序。

（3）现场遇到障碍需要调整轨枕间距时，应按规范、设计要求重新计算轨枕间距，并在钢轨上标记轨枕线进行调整。

（4）严格审查构配件质量证明文件，现场核对型号、数量及外观是否符合要求。对预制件外观尺寸进行测量，确定预制件外观质量及尺寸偏差符合要求。

11.3.2　钢筋排流安装质量控制

【问题描述】

（1）设计要求垂直轨道下方 2 根纵向排流条钢筋，而现场钢轨正下方缺少 1 根纵向排流条钢筋(图 11-12)。

（2）紫铜排焊接质量不合格，排流条钢筋外露，未包裹住(图 11-13)。

图 11-12　缺少 1 根纵向排流条钢筋　　　图 11-13　排流条钢筋外露

（3）长枕埋入式道床防迷流钢筋与横向钢筋未全部焊接(图 11-14)。

（4）现浇钢弹簧浮置板每 5 m 一道的钢筋防迷流闭合圈存在搭接焊焊缝长度不足现象(图 11-15)。

图 11-14　防迷流钢筋与横向　　　图 11-15　防迷流闭合圈钢筋焊接
钢筋未全部焊接　　　　　　　　　长度不足

（5）现浇钢弹簧浮置板钢筋笼内排流条钢筋接头部位为绑扎搭接，未进行焊接

(图 11-16)。

图 11-16　排流条钢筋接头未进行焊接

【原因分析】

(1) 对焊接人员技术交底不到位,焊接人员不熟悉相关技术要求。

(2) 焊接人员不固定,时有更换。

(3) 技术员、质检员把关不严。

(4) 排流条与紫铜排未预先焊好并及时放入钢筋笼,而是钢筋笼成型后再穿入紫铜排,导致焊具不易操作,焊接质量难控制。

(5) 焊接人员技术水平不高,焊好后不等冷却就急于把焊具拿出,导致未有效包裹。

【预控措施】

(1) 要对焊接人员技术交底到位,发现问题及时纠正。

(2) 焊接人员要固定专人,不得随意更换,不得无证上岗。

(3) 对技术员、质检员严格考核,强化管理。

(4) 排流条与紫铜排必须预先焊好。

(5) 钢筋笼绑扎时,按照各类型钢筋的绑扎先后顺序有序放入排流条钢筋。

(6) 监理工程师审查施工方案中杂散电流焊机施工工艺,明确排流条钢筋安装位置、焊接方式及焊接闭合圈设置要求,并检查现场交底是否到位。

(7) 监理单位对焊接等特种人员报审情况进行审查,现场排查焊接人员是否持证上岗、安全及技术交底是否到位。

11.3.3　轨底坡坡度控制

【问题描述】

地铁轨道轨底坡不良地段绝大部分处于曲线半径较小的短枕道床线路上,轨底坡过大见图 11-17,轨底坡不足见图 11-18。

图 11-17　轨底坡过大　　　　　　图 11-18　轨底坡不足

【原因分析】

(1) 调轨支架重复使用发生变形。

(2) T 型螺栓扣压弹条松动,轨枕歪斜,有翘头或跌头现象。

【预控措施】

(1) 精调时,水平、竖直方向同时进行轨底坡调校,避免轨底坡调校完成后轨道状态再次发生变化。

(2) 储备部分调轨支架,施工过程中如有调轨支架变形,可及时更换。

(3) 变形的调轨支架应及时校正、加固,经检测合格后再使用。调整线路横向位置时,斜杆应支撑在钢轨轨腰上。

(4) 轨道报监验收前,技术员或质量工程师应利用坡度仪和轨底坡检测尺进行检查,避免轨底坡过大或不足而影响列车行驶的平稳性。

(5) 监理工程师检查施工单位支架、模板等施工工具是否满足现场施工要求;变形严重的,应立即要求施工单位予以报废。

(6) 监理工程师在隐蔽工程验收前对施工单位自检记录进行检查,并在隐蔽工程验收时使用坡度仪和轨底坡检测尺等测量工具对钢轨轨底坡进场抽检复核,检查左右是否对称,同时检查支架及模板是否搭设牢固。

(7) 监理工程师复核轨道几何状态时,应同时对轨底坡、轨距、水平及轨向等数据进行综合测量,确保所有数据均满足设计要求。

11.3.4　伸缩缝安装质量控制

【问题描述】

基底伸缩缝歪斜、不顺直,处理不到位(图 11-19)。

【原因分析】

(1) 伸缩缝模板固定不牢固,混凝土浇筑方法不合适。

(2) 伸缩缝处理不细致。

【预控措施】

(1)采取措施固定伸缩缝模板,并采用合适的混凝土浇筑工艺。

(2)严格按设计和规范要求进行伸缩缝处理,质量管理人员应加强对处理过程的监控管理。

(3)为保证伸缩缝安装质量,伸缩缝用木板在基地切割成型,隧道内道床和矩形隧道道床分别按不同形状加工,高度根据调线调坡后的道床结构高度确定。

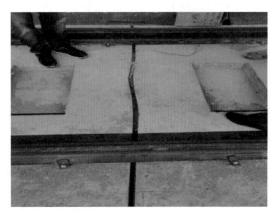

图 11-19 基底伸缩缝歪斜

(4)监理工程师检查施工单位支架、模板等施工工具是否满足现场施工要求以及支撑强度是否符合要求;变形严重的,应立即要求施工单位予以报废。

(5)监理工程师在隐蔽工程验收时,加强伸缩缝模板的检查力度。伸缩缝位置须与道床板缝重合,模板应顺直、通长设置、严禁拼接,表面应打磨光滑、搭设牢固、支撑措施到位,伸缩缝模板高度根据道床高度调整。伸缩缝材料应使用沥青模板等防腐材料。

11.3.5 现浇钢弹簧浮置板隔振器外套筒安装质量控制

【问题描述】

现浇钢弹簧浮置板隔振器位置偏差(图 11-20)。

图 11-20 隔振器位置偏差

【原因分析】

隔振器位置测量不准确,固定不牢固,浇筑混凝土时发生移位等。

【预控措施】

(1) 精确测量放样隔振器位置。

(2) 加强作业层的交底,必须明确、清晰、完整、有效,直到作业层人员掌握清楚为止。

(3) 严格控制现浇浮置板道床标高,保证隔振器与钢轨的净空。

(4) 将隔振器外套筒安放在测量放样出准确位置的基底上,且采取可靠的固定措施。

(5) 监理工程师检查施工交底内容,应明确施工工序。轨道状态调整到位后,应根据钢轨与隔振器相对位置进行精调,符合设计与规范要求(纵向和横向中心间距允许偏差不应大于±3 mm)后再进行钢筋绑扎。

11.3.6　人防门槛处道床质量控制

【问题描述】

人防门槛处轨下被混凝土填实或间隙过小(图 11-21)。

图 11-21　人防门槛处轨下被混凝土填实或间隙过小

【原因分析】

人防门槛混凝土浇筑时,未采取隔离措施。

【预控措施】

(1) 人防门槛混凝土浇筑前,土建单位和轨道单位均应派专人进行检查和确认,确保人防门槛施工完成后符合双方设计及规范要求。

(2) 人防门槛混凝土浇筑过程中,应采用泡沫板粘贴在轨下,保证轨下间隙满足设计与规范要求。

(3) 轨道铺装前,与土建单位进行沟通,双方施工、监理单位现场对人防门槛情况进行检查并确认,精确定位人防门槛中线位置及门槛宽度(≤350 mm),确认道床轨枕间距(≤700 mm)。

(4) 人防门槛施工过程中,应检查是否对钢轨轨下进行处理,是否使用泡沫板等材料进行隔离,轨下间隙以及隔离材料尺寸是否满足设计与规范要求等。

11.3.7 排流端子安装质量控制

【问题描述】

现浇道床排流端子安装后高低不一。

【原因分析】

排流端子焊接施工时,未按要求控制;混凝土施工中,排流端子位置处未及时修正。

【预控措施】

(1) 浇筑混凝土前,全面检查排流端子焊接质量是否合格,避免上下起浮。

(2) 控制排流端子焊接位置偏差,采用可拆卸的固定模具来控制其高低。

11.4 道岔

11.4.1 道岔尖轨、顶铁安装质量控制

【问题描述】

道岔尖轨不密贴(图 11-22),道岔顶铁与尖轨轨腰的缝隙不达标(图 11-23)。

图 11-22　道岔尖轨不密贴　　　　图 11-23　道岔顶铁离缝、不靠

【原因分析】

(1) 尖轨在运输或安装过程中变形,道岔轨枕铺设偏移。

(2) 基本轨方向不良。

(3) 轨距不良,顶铁过长。

(4) 曲基本轨弯折量不对。

(5) 限位器顶死增加的横向弯矩,引起轨向偏差。

（6）尖轨或基本轨有硬弯，尖轨中部轨距偏小、偏大或顶铁本身缺陷，均会造成顶铁不密贴或离缝。

【预控措施】

（1）尖轨应与基本轨固定一起存放、搬运，存放尖轨应垫平，不得在尖轨上堆放物品，搬运过程中应注意保护尖轨不受损伤。

（2）基本轨框架、方向、轨距、水平调整到位后再安装尖轨。拨正基本轨方向，矫直弯曲基本轨，改正轨距，弯好曲股基本轨的曲折点。

（3）校正顶铁长度，不能为消灭顶铁不密而盲目地加调整片。

（4）垫起顶铁后座使之密贴，改正顶铁本身的材料尺寸缺陷。

（5）掌握好曲尖轨刨切范围内的曲股轨距递减，定期检查整修，以保持轨距符合标准。

（6）采用"低温三角加热法"，借用温度应力，放散引起变形的残余应力，校直尖轨，恢复尖轨的初始状态。

（7）道岔配轨、配件运到后现场拆除包装，监理审核质量证明文件，复查几何尺寸及外观：基本轨和配轨长度小于或等于 12.5 m 时，长度偏差为 3 mm；大于 12.5 m 时，长度偏差为 4 mm。

（8）相邻钢轨件连接时，长度不得出现连续的正公差或连续的负公差，尖轨、基本轨密贴边的直线度应小于或等于 0.3 mm/m。

（9）基本轨、尖轨与尖轨范围内的全部垫板装配成基本轨、尖轨组装件再出厂。

（10）道岔要进行多次精调，直至道岔内部尺寸和外部尺寸均满足设计及规范要求为止。

11.4.2 滑床板安装质量控制

【问题描述】

轨枕接触面标高不符合标准，滑床板空吊（图 11-24）。

图 11-24 轨枕接触面标高不符合标准，滑床板空吊

【原因分析】

(1) 尖轨纵断面线型不良、轨枕标高控制不良,易导致滑床板空吊。

(2) 个别滑床板过高,尖轨局部受力,导致滑床板空吊。

【预控措施】

(1) 尖轨应与基本轨固定一起存放、搬运,存放尖轨时应垫平且不得在尖轨上堆放物品,搬运过程中应注意保护尖轨不受损伤。

(2) 基本轨框架、方向、轨距和水平等调整到位后再安装尖轨。

(3) 道岔滑床板应尽在同一水平面,误差不超过 1 mm,安装尖轨前拉弦绳检查、调整。

(4) 安装道岔轨枕时,用水平尺检查轨枕的水平。

(5) 道岔配轨、配件运到现场后拆除包装,监理工程师审核质量证明文件,复查几何尺寸及外观:基本轨和配轨长度小于或等于 12.5 m 时,长度偏差为 3 mm;大于 12.5 m 时,长度偏差为 4 mm。

(6) 相邻钢轨件连接时,长度不得出现连续的正公差或连续的负公差,尖轨、基本轨密贴边的直线度应小于或等于 0.3 mm/m。

(7) 基本轨、尖轨与尖轨范围内的全部垫板装配成基本轨、尖轨组装件再出厂。

11.5 无缝线路

11.5.1 钢轨焊接接头质量控制

【问题描述】

接头不顺直(高接头或低接头),平直度偏差大(图 11-25)。

图 11-25 接头不顺直

【原因分析】

焊接、正火、打磨等存在问题。

【预控措施】

1. 高接头

(1) 正火和打磨操作人员应及时将后续焊头质量情况反馈给焊轨机操作人员,

控制焊接环节的起拱量。

（2）焊头正火后，及时测量起拱量；采用液压弯轨器适当下压接头顶部及锁紧相应扣件，保证轨头顶面上拱量 4～5 mm，工作边 0.3 mm 以内（此时温度要保证450 ℃以上）。

2. 低接头

（1）获得焊接环节的理想起拱量，并做到正火和打磨操作人员与焊轨机操作人员及时沟通反馈。

（2）在正火环节，熟练运用液压正轨器及撬棍进行校正，使用 1 m 专用型尺及塞尺，保证轨头顶面上拱量 4～5 mm，工作边 0.3 mm 以内（此时温度要保证 450 ℃以上）。

（3）在精磨环节，用钢轨精磨机及磨头砂轮打磨钢轨轨头焊缝位置钢轨顶面及工作边，使轨头焊缝与轨头形状一致。使用 1 m 专业型尺及塞尺，保证起拱量预留0.6～0.8 mm，温度高时可留 0.08～0.1 mm，打磨方向与钢轨轴向长度方向同向。精磨范围在 1 m 以内。

（4）如出现低接头，允许再正火 2 次。利用钢轨的特殊形状，即轨头截面积大、轨底板截面积小，加热后冷却，使轨底板回缩形成起拱量，以改善低接头。

11.5.2　扣件安装质量控制

【问题描述】

轨下及板下橡胶垫板歪斜、串动，锯齿块歪斜(图 11-26)。

图 11-26　橡胶垫板歪斜、串动，锯齿块歪斜

【原因分析】

放置偏差、钢轨移位带动等问题。

【预控措施】

（1）纵向移动钢轨时，在钢轨底部架设滚筒。钢轨串动完成后，对每块垫板进行

检查,发现有歪斜的,放置端正后方可进行锁定。

(2)锁定扣件时,施工人员随时观察锯齿块状态。对于歪斜的锯齿块,应端正后进行锚固螺栓打紧。

(3)组织厂家对施工单位进行安装交底,并在现场安装一段试验段;或者在首件段时安装一段,后期施工按照首件段标准实施。

(4)监理工程师组织施工人员在扣件安装、放散锁定和轨道精调后进行全面检查。

11.6 轨道附属设施

11.6.1 车站两端道床水沟防积水控制

【问题描述】

车站两端道床外侧水沟积水(图11-27)。

【原因分析】

(1)通常,区间水流向区间废水泵房。由于车站两端线路设置竖曲线,导致区间30 m左右线路坡度向车站下坡,车站水沟标高高于区间水沟高度。

(2)技术人员未进行现场排查,直接按照线路坡度进行水沟施工,未进行顺接。

【预控措施】

(1)设计降低车站水沟高度,使水流入车站;或抬高区间道床水沟高度(水沟超过土工布时,应采取防水措施)。

图11-27 车站两端道床水沟积水

(2)有人防门的地段,需预留两侧排水管。

(3)根据调线调坡资料,梳理出车站两端可能存在的积水情况,提交给设计人员,设计人员根据现场情况给出反坡高度位置。

(4)车站两端位置水沟趟底时,监理和施工单位安排专人现场监督,按照计算好的反坡位置进行水沟趟底;尤其是竖曲线位置,应按照2‰向两边顺坡。

12 牵引变电

12.1 设备基础及预埋件

12.1.1 设备基础高程控制

【问题描述】

设备基础高程不满足设备安装要求。

【原因分析】

(1) 设备安装处结构层表面不平整,存在高差。

(2) 结构层标高与设计标高不符,偏差较大。

【预控措施】

(1) 全面复测设备安装处结构层的标高,核对标高是否与图纸相符。

(2) 测量设备安装处结构层的平整度应满足槽钢安装的要求,保证基础槽钢与结构层表面能充分接触,确保槽钢受力均匀。如果发现结构层的标高与图纸不符或不能满足基础槽钢的安装要求,应及时向建设单位提交书面的测量数据,协商有关单位解决。

(3) 当设计的结构层中有预埋件或预留孔洞时,基础槽钢安装前需要全面复测预埋件的高度,确保能符合设备安装的要求。当发现预埋件标高高出设计标高时,必须要求土建单位进行处理,确保基础槽钢的顶面高出室内地面2～3 mm。

(4) 基础槽钢进场施工前对土建预留的标高线进行测量,根据标高线测定高差,制定基础槽钢施工方案。因车站站台层有2‰的排水坡,变电所同一设备房装修层高度要齐平。

(5) 核对预留孔开孔大小、开孔位置、开孔数量,确保变电所的预埋件图纸与设备安装预埋件图纸一致。土建单位进行结构层预埋件、预留孔洞的具体安装时,变电所施工单位应安排技术人员到现场配合,确保预埋件合理、绝缘安装预埋件与房间结构钢筋间的绝缘安装符合相应的要求。

12.1.2 设备基础预埋件水平偏差控制

【问题描述】

设备基础预埋件平行度和平直度大于1 mm/m。

【原因分析】

(1) 测量人员测量仪器使用不规范,导致测量误差。

(2)预埋件水平度未调整到位。

【预控措施】

(1)对所有参与测量人员做好技术交底,定期对测量仪器、工具检测及校验,并加强对测量仪器使用方法的培训。

(2)测量时,严格执行测量"双检制",并做好测量记录。基础预埋件水平高程测量见图 12-1。

(3)组织经验丰富的技术骨干人员进行基础预埋件的安装固定和调整工作,确保基础整体水平高差符合规范和设计要求。

图 12-1　基础预埋件水平高程测量

12.1.3　接地扁钢焊接质量控制

【问题描述】

接地扁钢的搭接长度不符合规范要求,或焊接不饱满,或存在焊渣、焊瘤、虚焊和气孔等问题。

【原因分析】

(1)施工前未进行施工技术交底或交底不到位;施工不严谨,未执行规范要求。

(2)焊接工作交由不具备焊接资格的人员实施,焊接质量不能保证。

【预控措施】

(1)设计无明确要求时,接地扁钢搭接处应采用搭接焊,搭接长度为扁钢宽度的2 倍以上,且施焊不应少于 3 面。

(2)焊接工作应由具备焊工资格的人员实施,并经过交底培训合格后方可上岗工作。

(3)焊接完成后,应检查焊接质量,并在焊接处涂刷防锈漆进行防腐处理。

(4)在土建结构伸缩缝处,接地扁钢应根据土建设计的最大伸缩值留有备用长度(图 12-2)。接地扁钢应制作成弯曲形状,以防止由于气候、温度变化引起结构伸缩缝变形而造成接地扁钢断裂。

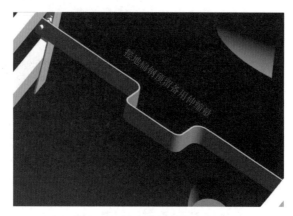

图 12-2　接地扁钢预留伸缩量

（5）变电所内干线接地扁钢应沿墙敷设,距地面垂直高度约 0.2~0.35 m,距墙水平距离约 0.01~0.025 m。接地干线施工前,应与安装单位确认好墙上检修插座的高度;如有冲突,应将检修插座抬高 0.1 m 安装。如设有离壁墙,扁钢应通过采用 L 型卡子固定在地面上;非离壁墙段,扁钢应通过 S 型卡子固定在侧墙上。干线接地扁钢固定点间距在水平段为 0.5~1.0 m,在转弯处为 0.3~0.5 m。干线接地扁钢表面均匀间隔刷涂黄绿漆条纹,条纹宽为 0.015~0.1 m。应在靠近设备合适位置制作挂接地线的装置。

（6）设备基础应两点可靠接地。

12.2　电缆支架、吊架

12.2.1　电缆支架垂直度控制

【问题描述】

电缆支架歪斜、不垂直,吊架安装质量不达标,存在脱落风险。底座固定前,未测放定位线。

【原因分析】

（1）支架螺栓未紧固到位,底座未调平。

（2）吊架固定膨胀锚栓安装质量不达标。

【预控措施】

（1）电缆支架安装到位后,及时调整支架垂直度,并对固定螺栓进行紧固。安装支架、吊架时,利用红外线放线仪辅助安装。

（2）固定支架的膨胀锚栓应严格按照设计技术要求采购。安装时,根据锚栓规格型号选用相应的钻头型号。钻孔时,在钻头上做好深度标记,严格控制打孔深度和孔径。锚栓安装完成后,应按照《建筑锚栓抗拉拔、抗剪性能试验方法》(DG/TJ 08—003)的要求进行抗拉拔检测。

12.2.2　电缆支架安装高度偏差控制

【问题描述】

电缆支架安装高度不一致,达不到标准要求(图 12-3)。

【原因分析】

(1)电缆支架安装时,高度测量数据不准确。

(2)支架安装所处位置的地面凹凸不平,高差较大。

【预控措施】

(1)支架安装时,根据安装路径长短、相应数量,加密控制点,同时进行多点测量和数据对比,减小高度误差。

(2)进场施工前,及时将信息反馈监理及业主单位,协调土建单位整平地面,确保地面平整度满足支架安装要求。

图 12-3　电缆支架安装存在高差

12.2.3　电缆支架接地安装质量控制

【问题描述】

电缆支架安装完成后,未按要求进行可靠接地,存在人身和设备安全风险。

【原因分析】

(1)接地系统连接未贯通。

(2)接地扁钢搭接长度不够。

(3)伸缩缝、沉降缝处未做预留。

【预控措施】

(1)施工完成后,需对连接情况进行检查,特别是人防门处、车站夹层、电缆廊道接口处、过轨处、沉降缝、伸缩缝处等位置的接地扁钢预留情况。

(2)整个接地系统完成后,应做接地贯通试验,保证接地系统可靠连接。

12.3　设备运输、安装

12.3.1　设备运输、吊装风险控制

【问题描述】

(1)设备运输、吊装前,未对货车、吊车进行评估,设备超出货车、吊车承载重量,

发生货车超载、吊车侧翻等意外情况,导致设备受损。

(2)未充分对设备进场运输通道进行现场排摸,对影响设备二次搬运的问题未及时处理,导致运输无法就位。

【原因分析】

(1)运输、吊装前未编制设备运输吊装方案,对需吊载货物未进行评估计算,未经现场勘查和监理确认。吊装使用的吊车及指挥人员未取得相应许可证上岗作业。

(2)设备进场或就位前,未对现场运输或二次搬运通道进行排摸和处理,影响运输就位,未形成切合现场的就位方案,或未完成交底。

【预控措施】

(1)变电所设备每次进场吊装作业前,均应编制设备运输吊装方案,根据每次吊装的最重设备重量、现场作业环境、安全系数等因素进行验算,合理选用吊车、货车类型,确保运输、吊装作业安全完成,确保设备安全(图12-4)。

(2)运输、吊装前,做好安全教育及安全技术交底工作,做好吊索具及起重机的检查,发现问题及时解决。

(3)施工人员应遵守安全技术操作规程,严禁违章作业和野蛮施工,严格执行"十不吊",特殊工种人员必须持证上岗,严禁顶岗和无证操作。

图 12-4 设备运输吊装

12.3.2 设备安装质量控制

【问题描述】

盘(柜)独立或成排安装时,存在垂直度差、柜体表面不平齐、接缝间隙大、盘(柜)漆层损伤等问题。

【原因分析】

(1) 盘(柜)本身几何尺寸误差大。

(2) 运输过程导致柜体变形。

(3) 基础安装不平整。

(4) 设备安装时,拼接、调整不达标。

【预控措施】

(1) 设备出厂前指派专人驻厂监造,确保设备生产尺寸及各项技术参数满足设计要求。

(2) 设备在运输或吊装转运时,提前对运输路径、限界等进行详细勘察,制定合理可行的运输路径;与机电单位沟通预留设备进设备房的运输孔洞;做好安全防护,避免设备发生倾倒或碰撞,造成设备变形或损伤。

(3) 基础预埋件施工时,应与装修层施工协调配合,严格按照设计图纸要求拼装、调整、固定预埋件,调整预埋件水平(垂直)度,两预埋槽钢或导轨间的平行度、平直度及水平度误差不能大于1 mm/m,全长范围内总误差不大于2 mm。预埋件与其相应安装设备间的接触面须平整,确保预埋件满足设备安装要求。

(4) 将盘(柜)按设计顺序搬放到安装位置。首先将第一面盘(柜)调平并复核设计尺寸后,标记螺栓固定位置,然后打孔并固定;其余盘(柜)以第一面为标准逐个调整;最后,安装盘(柜)间连接螺栓。

(5) 采用水平尺、线坠调整水平度和垂直度,盘(柜)安装后应牢固、排列整齐(图12-5)。

图12-5 柜体拼装完成

(6) 盘(柜)单独或成列安装时,各项偏差控制在允许范围内:垂直度偏差应小于1.5 mm,相邻两盘顶部水平偏差应小于2 mm,相邻两盘面的盘面偏差小于1 mm,成列盘面的盘面偏差小于5 mm,盘(柜)间的接缝偏差应小于2 mm。

12.3.3 直流设备绝缘安装质量控制

【问题描述】

变电所直流设备绝缘安装,绝缘阻值过小,不达标。

【原因分析】

(1)固定螺栓套管与柜体和绝缘板之间存在间隙,使柜体与潮湿气体和槽钢接触。

(2)现场作业环境湿度大。

(3)安装过程中,绝缘板污染未清理干净。

(4)绝缘板未按要求铺设,接缝处未进行处理。

(5)绝缘螺栓固定过程用力过大,造成绝缘螺栓帽裂缝,影响柜体绝缘。

(6)地脚螺丝固定开孔,孔内铁屑、灰尘未清理干净。

【预控措施】

(1)安装前,应先清除1 500 V直流开关柜、整流器柜、负极柜基础上及附近的各种杂物,保持施工现场清洁。

(2)先用棉布擦拭绝缘板和槽钢的表面,确保开关柜安装时无液体、无灰尘、无铁屑;再用测量对角线长度并配合角尺的方法保证绝缘板的位置正确。

(3)采用拼接法安装绝缘板,在两块绝缘板连接缝隙处用玻璃胶进行密封。绝缘板安装在基础槽钢和柜体之间,其厚度为5 mm,一般伸出直流设备周围10～30 mm,这样可以确保直流开关柜与大地之间的绝缘空间距离(图12-6、图12-7)。

图12-6 绝缘板固定

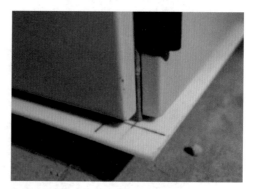

图12-7 绝缘板伸出柜体30 mm

(4)待环氧树脂胶凝固后,使用工业吹风机驱除绝缘板四周和下方的潮气(图12-8),以防止设备经过长时间运行后,灰尘和其他杂质进入间隙,造成对地绝缘的降低。

(5)将直流设备放在绝缘板上,保证绝缘板露出设备框架的外沿,调整柜体使其水平、垂直。对第一面直流柜进行定位、钻孔及清除铁屑后,安装绝缘套管并填充硅脂,紧固金属螺栓后使用2 500 V绝缘电阻测试仪进行绝缘测试(图12-9),其绝缘电阻应大于1 MΩ。其余直流柜以第一面为标准,逐个安装并进行绝缘测试。

图 12-8　绝缘板吹潮气

图 12-9　绝缘电阻测试

（6）绝缘螺栓安装时，要在螺栓与绝缘组件接触的地方增加密封胶。开手孔时，绝缘板上的孔应小于底板上的孔。使用完成后，应用橡胶封帽封堵，以免潮气进入。

（7）当设备全部安装完成后，用绝缘玻璃胶对柜子与绝缘板接缝处进行密封（图 12-10），并立即开启柜内加热装置，防止潮气进入绝缘板与槽钢内。

图 12-10　绝缘玻璃胶密封

12.3.4　设备成品保护控制

【问题描述】

设备成品未进行保护，导致设备受损、受潮，设备表面灰尘较大，影响设备正常运行。

【原因分析】

设备安装完成后，未及时采取成品保护措施。

【预控措施】

（1）设备安装完成后，应第一时间对安装设备进行成品保护，采用防尘罩将设备包裹（图 12-11），有效避免灰尘进入设备或设备箱体漆面损伤。

（2）设备受电前，应在柜体内放入干燥剂包，减少潮气对设备性能的影响。

（3）在每个设备房内放置工业用除湿机，降低设备房内空气湿度，确保设备正常运行。

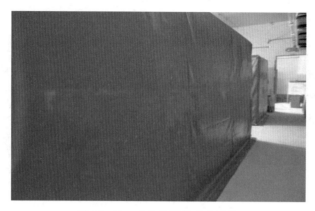

图 12-11　已安装设备成品保护

12.3.5　电气设备接地质量控制

【问题描述】

电气设备接地不符合规范要求，接地铜排、铜线存在虚接、漏接等情况；电气设备接地不可靠，存在电阻值大、松动等现象。

【原因分析】

（1）施工不严谨，导致电气设备接地不符合规范要求。

（2）接地铜排、铜线存在虚接、漏接，设备接地功能不符合规范要求。

（3）接至电气设备上的接地线未采用镀锌螺栓和弹簧垫，软铜接线未做线耳。

（4）接地设施安装完成后未进行测试。

【预控措施】

（1）电气设备接地安装时，其接地线应用镀锌螺栓连接，并应加平垫片、弹簧垫或采取其他防松措施。

（2）接地线缆、铜排等材料规格型号必须符合设计图纸要求。

（3）软铜线接地时应做接线耳连接。

（4）每个设备接地应以单独的接地线与接地干线相连接，施工完成后应对设备接地部位进行检查，保证电气设备接地功能正常。

（5）接地设施安装完成后，应按要求对接地贯通情况进行检查及测试。

12.4　线缆敷设

12.4.1　电缆敷设防磨损控制

【问题描述】

电缆支架、桥架施工后未检查，卷边、毛刺未及时处理，电缆敷设过程中遭到剐蹭、磨损(图 12-12),导致电缆绝缘性能降低,送电时易发生电缆击穿现象。

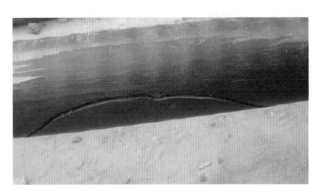

图 12-12 电缆皮破损

【原因分析】

(1) 电缆支架、防护钢管管口存在卷边、毛刺,未进行磨光处理。

(2) 电缆敷设过程中,施工人员蛮力敷设,关键部位盯控不到位。

(3) 电缆在穿预留孔洞、电缆井、折角、线槽等易剐蹭磨损部位时,未进行有效防护。

【预控措施】

(1) 加强电缆支架进场检验程序,不合格产品及时处理,严格按照施工规范和技术交底要求施工。

(2) 电缆敷设前,对电缆沟、管道、穿墙套管或拐弯处进行检查,在疏通器的作用下将管道、套管内壁的尖刺、杂物以及电缆沟里的积水、坚硬异物等进行有效清理,并设置专人进行防护,从而保证管道和电缆沟的畅通。

(3) 不可蛮力敷设,应使用滑轮等有效防护工具,减少电缆表面摩擦。

12.4.2 电缆敷设质量控制

【问题描述】

电缆未按规范要求进行绑扎固定;多股电缆敷设时,未按规定敷设路径进行敷设,存在电缆交叉、错乱现象。

【原因分析】

(1) 现场敷设电缆时随意敷设,敷设路径不明确,未按设计位置绑扎固定。

(2) 电缆支架层数或电缆孔洞数量不够,造成电缆混穿。

(3) 电缆数量多,未采取有效措施避免交叉。

【预控措施】

(1) 施工前,详细核对施工图纸并与现场进行确认,明确电缆敷设路径及走向,

图 12-13　电缆分层敷设固定

并做好交底工作。

（2）电缆敷设时,技术人员应全程盯控,确保电缆敷设路径及绑扎固定满足设计要求。

（3）电缆桥架内电缆填充率应符合要求,强电不大于 40%,弱电不大于 50%。

（4）敷设时,注意成品保护,严禁出现扭绞、绝缘保护层破坏、电缆压扁、线芯外露、划伤等情况。

（5）电缆敷设完成后,应进行绝缘等相关测试。

（6）在特殊情况下,如电缆数量较多,应增设分层支架,将电缆分层敷设并绑扎固定,避免交叉（图 12-13）。

12.4.3　电缆弯曲半径控制

【问题描述】

电缆敷设完成后,弯曲半径不满足规范要求。

【原因分析】

（1）电缆支架安装不合理,导致电缆绑扎固定后弯曲半径不达标。

（2）电缆敷设时,在拐角处弧度太小,拉得太紧。

（3）电缆敷设时随意固定,未进行电缆弯曲半径测量。

（4）作业人员责任心不强,重点部位检查监督不到位。

【预控措施】

1. 规范施工

施工前,应对施工人员进行技术交底,严格按照规范要求施工,使电缆最小弯曲半径达到规范要求（图 12-14）。

图 12-14　高压电缆弯曲半径

2. 监督检查

加强电缆敷设过程中的监督检查工作;电缆敷设时,施工人员应步调一致,统一指挥。

3. 及时调整

电缆敷设固定时,若发现电缆支架安装位置或类型不满足电缆最小弯曲半径固定需求,应及时调整支架位置或更换支架类型,确保电缆能进行有效固定且满足设计要求。

4. 各类电缆最小弯曲半径

(1) 控制电缆:不小于电缆直径 10D。

(2) 橡皮绝缘电力电缆无铅包、钢铠护套:不小于电缆直径 10D。

(3) 裸铅包护套电缆:不小于电缆直径 15D。

(4) 钢铠护套电缆:不小于电缆直径 20D。

(5) 聚氯乙烯绝缘电力电缆:不小于电缆直径 10D。

(6) 交联聚乙烯绝缘电力电缆:多芯电缆不应小于电缆直径 15D,单芯电缆不应小于电缆直径 20D。

12.4.4 电缆预留长度控制

【问题描述】

电缆敷设时未按施工图纸要求进行,存在未做预留或预留长度不足问题。

【原因分析】

(1) 技术交底不详细或未进行技术交底。

(2) 现场盯控人员责任心不强,电缆敷设过程中盯控不到位。

(3) 电缆长度不够,减少预留。

【预控措施】

(1) 加强作业人员岗前技术交底,交底内容应全面,重点部位应详细交底。

(2) 提高现场盯控人员责任心,关键部位设置专人盯控。

(3) 编制电缆生产计划前,技术人员应根据设计电缆路径现场实际测量后,并考虑一定富余量,确保电缆长度满足现场需求。

(4) 电缆敷设时,应严格按照图纸设计要求进行施工。在结构伸缩缝处应留有 0.6 m 的电缆余量,电缆中间头两端预留约 1 m 的电缆余量。每根电缆应在变电所夹层考虑预留长度(约 8 m),并弯曲成盘(直径 1.2 m,约 2 圈)。

高压电缆盘圈预留见图 12-15。

图 12-15　高压电缆盘圈预留

12.4.5　电缆头制作质量控制

【问题描述】

电缆头制作时存在电缆剥切尺寸误差大、绝缘层打磨不标准等问题,导致电缆头安装质量不合格,致使电缆头带电后被击穿(图 12-16)。

图 12-16　高压电缆头被击穿

【原因分析】

(1) 半导体层处理时切割力度过大,伤及主绝缘层(图 12-17)。

(2) 主绝缘层打磨不干净,未使用专业砂纸。

(3) 长度未按照要求切割。

(4) 绝缘层清洁不到位,造成污染。

(5) 铜屏蔽处理不规范。

(6) 接地线的安装不规范。

图 12-17　电缆主绝缘层损伤

【预控措施】

(1) 为确保电缆终端头、中间头制作合格,所有电缆头制作人员必须经过电缆头供货商的严格培训,熟练掌握电缆头制作技术,且所有电缆头制作人员应每人制作2~3 个电缆头成品进行电缆头耐压试验,试验合格发上岗操作证后方可现场操作。

(2) 电缆头制作完成后,应进行实名制挂牌管理,提升制作人员责任感。管理铭牌内容应包括附件安装人员姓名、时间、天气情况、厂家、型号等。电缆头压接端子应采用国标标准件,型号规格必须与压接的电缆材质及规格匹配。

(3) 根据区间长度、车站长度及变电所位置,参照供货方提供的电缆盘长度进行电缆配盘,尽量减少中间接头。

12.5　杂散电流设备安装

12.5.1　参比电极安装质量控制

【问题描述】

参比电极钻孔安装质量合格率低,不能满足相关规范要求。

【原因分析】

(1) 钻孔时仅凭借施工经验确定钻孔位置。

(2) 参比电极预留孔洞内 PVC 管未取出。

(3) 安装前,未按要求浸泡或浸泡时间不足。

【预控措施】

(1) 依据杂散施工设计技术要求,结合整体道床隐蔽钢筋网布置图测量定位参比电极钻孔位置。

(2) 参比电极钻孔取芯时,取芯样品上应有主排流钢筋网或非主排流钢筋网的钢筋残留,以确保钻心位置满足安装要求,并应将取芯样品进行编号及收集,作为参比电极隐蔽安装质量控制依据(图 12-18)。

图 12-18　参比电极安装钻芯取样

（3）安装前,应提前将参比电极陶瓷外壳在水中浸泡后备用,具体浸泡时长按照设计或厂家技术要求执行,检查参比电极孔洞直径、孔深是否满足安装要求及孔内是否存在垃圾或异物。

（4）在参比电极的安装质量控制中,严格控制其陶瓷外壳距排流网内邻近隐蔽钢筋的距离小于 15 mm,确保安装质量符合要求。

12.6　标识标牌

12.6.1　电缆标识牌安装质量控制

【问题描述】

电缆标识牌随意安放,不符合规范要求(图 12-19)。

图 12-19　电缆标识牌随意安放

【原因分析】

（1）未进行技术交底或交底不到位。

（2）施工人员未按照施工流程与作业标准施工。

【预控措施】

（1）施工作业前，技术人员交底要到位。

（2）对电缆标识牌进行优化固定，按照统一高度、统一方向进行固定，既便于及时查找电缆，又使盘柜内整齐、美观(图 12-20)。

（3）在电缆终端头、电缆接头、拐弯处、夹层内、隧道及竖井两端、人井内等位置，电缆上应设置标识牌，注明线路编号。无编号时，应写明电缆型号、规格及起讫地点。

（4）电缆标识牌宜统一，应防腐，字迹应清晰、不易脱落。

图 12-20　电缆标识牌规范安装

13.1 埋入杆及底座填充

13.1.1 钻孔测量定位控制

【问题描述】

悬挂点钻孔位置测量定位偏差过大,现场标记错误。

【原因分析】

(1)施工设计图纸与现场实际不相符,存在偏差。

(2)测量人员对图纸或测量仪器不熟悉,悬挂类型及底座型号复核不到位。

【预控措施】

(1)测量施工前,认真审核设计图纸,掌握相关规范和设计要求,并与轨道、土建等相关专业人员核对图纸进行确认。

(2)对所有参与测量人员做好技术交底,测量人员现场对悬挂类型及底座型号复核到位,定期对测量仪器、工具检测及校验,并加强对测量仪器使用方法的培训。接触网悬挂点位置测量见图 13-1。

图 13-1 接触网悬挂点位置测量

(3)严格执行测量"双检制",并做好测量记录。

(4)测量定位点时,明确图纸中悬挂点的拉出值方向,并确认悬挂点位置与图纸所示里程是否一致。

(5)测量定位点时,应避开隧道伸缩缝、隧道连接缝、盾构区间管片接缝,或明显渗水、漏水等部位。应严格遵守最大设计偏移量、最大设计跨距值、相邻跨距比等设计原则。

(6) 测量定位点时,对比所有跨距实测值与施工图设计值,按区间核查现场与设计闭合程度,及时发现和消除测量误差。

13.1.2　钻孔质量控制

【问题描述】

锚栓预埋钻孔质量不达标,锚栓无法安装到位,造成返工。

【原因分析】

(1) 钻孔时,未采取有效措施控制孔深,仅凭作业人员观测控制。

(2) 未采用专用钻头进行钻孔作业。

(3) 未及时更换已磨损钻头,造成孔径过小,不满足锚栓安装要求。

(4) 作业人员钻孔时由于长时间工作,无法精准控制钻孔角度;或在钻孔过程中遇到钢筋未避让,发生孔位偏斜。

【预控措施】

(1) 技术人员根据测量数据,编制悬挂钻孔类型表和钻孔技术要求,向施工班组下达施工作业任务书。

(2) 两个孔位以上的底座都应使用特制模板,套模钻孔。模板是底座板孔的"克隆"品(孔位一致、孔径与钻孔孔径相同),标有底座中心线。钻孔前,模板中心线与测量中心线对准。

(3) 选用规定规格的钻头或专用钻头,严禁使用大于或小于规定直径的钻头代替标准直径钻头钻孔。

(4) 严格按设计孔深和角度进行钻孔,使用激光定向仪辅助电钻精确定向,确保孔位不发生偏斜。使用专用钻头和深度尺,能保证孔深达到设计要求,而不会出现深钻现象。

(5) 钻孔过程中经常会碰到钢筋。因此,测量定位时,使用钢筋探测仪探明钢筋分布;若孔位碰到钢筋,同组锚栓钻孔可顺线路移位4~5 cm重新定位,以避开钢筋。

(6) 钻孔时,应避开隧道伸缩缝、隧道连接缝、盾构区间管片接缝,或明显渗水、漏水等部位,钻孔到接缝边缘距离应能满足螺栓受力要求。

13.1.3　锚栓安装质量控制

【问题描述】

锚栓安装完成后,存在松动现象或抗拉拔试验不达标。

【原因分析】

(1) 后切底锚栓未敲击到位,膨胀管未完全胀开。

（2）孔径内壁的孔屑未彻底清除或存在湿孔未擦干就注入化学药剂种植锚栓。

（3）化学锚栓在树脂完全硬化前,触动螺栓。

【预控措施】

（1）按照设计规定的安装方法和标准,或产品使用说明书的安装程序和要求,正确安装锚栓;螺栓埋设深度、规格型号符合设计要求;按照各种锚栓的扭矩标准,采用相符的扭矩扳手。

（2）化学药剂锚栓在树脂完全硬化之前,须严格遵守与温度有关的等待时间,期间严禁触动螺栓。

（3）化学药剂锚栓安装前必须彻底清除孔屑,化学药剂应在常温下储存,使用前应检查其是否在有效期内和有无失效。

（4）化学锚栓在安装完成 24 h 后方可进行抗拉拔力试验(图 13-2)。

图 13-2　锚栓抗拉拔力试验

（5）化学锚栓必须采用专用电动工具进行安装。

（6）锚栓安装垂直度偏差必须符合设计图纸要求。

（7）锚栓抗拉拔力试验应按照设计及规范要求进行检测,采用拉拔仪逐渐加大拉力至规定测试值,并保持 3～5 min,期间如无异常,即通过测试,并做好测试记录。如锚栓被拉出,应分析找出原因,并对同一作业批次的螺栓全部测试。

13.2　支持装置

13.2.1　支持装置安装质量控制

【问题描述】

（1）T 型头螺栓的 T 型头与槽道不垂直,易导致 T 型头螺栓脱落。

（2）悬吊角钢或槽钢与轨面不平行,导致导线偏磨。

【原因分析】

（1）安装、检查不到位或长时间行车振动可能导致 T 型头螺栓发生旋转。

（2）曲线悬挂定位装置处斜垫片型号选择与轨道超高不匹配。

【预控措施】

（1）定期检查 T 型头螺栓在底座内的状态,安装调整到位后做好标记线。

（2）根据轨道超高选择合适型号斜垫片,调整时,须分别测量角钢或槽钢两侧到轨面的垂直距离。

13.2.2 道岔或关节处支持装置定位控制

【问题描述】

刚性接触网锚段关节或道岔定位处,定位点位置间距较小,极易造成接触网带电部分绝缘距离不足。

【原因分析】

（1）道岔或关节处悬挂点的悬挂槽钢或角钢选型不合适。

（2）道岔或关节处悬挂点测量定位的安装位置偏差过大,悬挂点安装后影响与带电体的绝缘距离。B 型悬挂角钢示意见图 13-3。

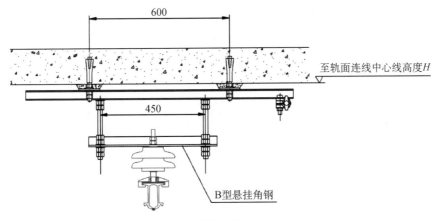

图 13-3　B 型悬挂角钢示意(mm)

【预控措施】

（1）刚性接触网锚段关节或线岔悬挂点定位时,需采用 A 型悬挂角钢或槽钢（图 13-4）,加大两 T 型头螺栓间距,确保带电体与接地体的绝缘距离。

（2）道岔处悬挂点定位时,应考虑相邻定位点拉出值,尽量将道岔关节处相邻 3 个定位点放置在同一轴线上,同时确保相邻定位点拉出值均能按照设计值调整到位。

锚段关节悬挂点见图 13-5。

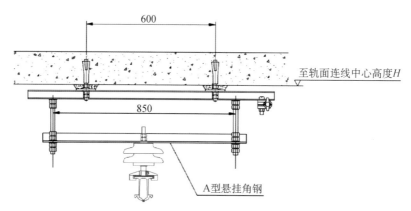

图 13-4　A 型悬挂角钢示意(mm)

图 13-5　锚段关节悬挂点

图 13-6　吊柱安装偏斜

13.2.3　高净空吊柱安装质量控制

【问题描述】

高净空吊柱安装偏斜,垂直度不达标(图 13-6)。

【原因分析】

(1) 隧道壁表面不平整。

(2) 锚栓预埋不合格。

(3) 安装垫片数量或厚度不合适。

(4) 螺栓紧固力矩不达标。

(5) 安装后调整不达标。

(6) 吊柱底板角度与所处隧道壁角度不匹配。

(7) 高净空中锚吊柱或下锚吊柱、腕臂定位吊柱安装时,未考虑受力后状态。

【预控措施】

(1) 隧道表面不平整时,进行凿平或调整吊柱安装位置。

(2) 锚栓钻孔时,应确保钻孔角度与隧道壁垂直;锚栓安装完成后,应按规范要求做拉拔试验。

(3) 吊柱吊装前,应根据吊柱的斜率要求,对柱底加装闭合垫片来进行精确调整。调整垫片不超过 2 片,垫片厚度宜为 3 mm、5 mm 或 10 mm,最大合计厚度(底盘空隙)不应超过 20 mm;否则,应改变底盘与吊柱的加工制造角度。

(4) 螺栓紧固时,应采用力矩扳手,按照设计要求扭矩进行紧固。

(5) 应根据隧道断面或隧道壁角度选用相应型号的吊柱。

(6) 吊柱应根据受力大小提前预留反向倾斜量,以保证安装后吊柱处于铅直状态。

13.2.4 超低净空悬挂安装质量控制

【问题描述】

悬挂装置槽钢顶部紧贴隧道壁,悬挂装置导高无法满足技术要求。

【原因分析】

(1) 隧道结构沉降幅度过大。

(2) 轨道设计进行线路调线、调坡,导致轨面高度上调,净空高度减小。

(3) 轨道施工误差导致道床面抬升。

【预控措施】

(1) 优化接触网平面布置,接触网沿线路纵向的间距一般按 6~10 m 布置,结合现场实测数据,调整接触网悬挂跨距和拉出值,避开在净空较低处设置悬挂点。

(2) 对于不能通过悬挂点布置解决问题的区段,须通过改变悬挂形式、加设绝缘板等措施,以保证接触网导高及绝缘距离满足设计与规范要求。

13.2.5 螺栓紧固质量控制

【问题描述】

螺栓的紧固扭矩不到位,造成螺栓松动;紧固力矩过大,造成螺栓机械损伤,出现断裂。

【原因分析】

(1) 未按要求使用扭矩扳手紧固螺母、螺栓。

(2) 作业人员对各型号螺栓紧固扭矩标准不了解。

(3) 扭矩扳手未定期校验,扭矩不准。

(4) 螺栓材料质量不合格。

【预控措施】

（1）螺栓的型式、规格和技术条件必须符合设计要求及有关标准的规定。

（2）材料进场时，应检查质量证明书及出厂检验报告，并委托具备检测资格的第三方检测机构进行检测，检测合格后方可使用。

（3）施工前做好施工人员技术交底，确保其熟练掌握各类规格、型号螺栓的紧固扭矩标准值。

（4）螺栓安装紧固时，应根据不同的规格、型号，使用扭矩扳手调整至对应的扭矩数值。

（5）应定期校验扳手的扭矩值，其偏差应不大于 5%，严格按紧固顺序操作。

汇流排中间接头螺栓采用扭矩扳手紧固见图 13-7。

图 13-7　汇流排中间接头螺栓采用扭矩扳手紧固

13.3　汇流排及其附件

13.3.1　汇流排接头质量控制

【问题描述】

汇流排中间接头存在错位、接头缝隙大于施工标准（<1 mm）要求（图 13-8）。

【原因分析】

（1）汇流排切割时，未使用专用切割工具。

（2）汇流排安装对接时，未将末端毛刺处理干净，切割断面不平齐。

（3）切割后，开孔存在偏差。

【预控措施】

（1）汇流排拼接前，应检查接头处有无毛

图 13-8　汇流排中间接头间隙大于 1 mm

刺或变形,并用直角尺测量端头垂直度。

(2)切割汇流排时,应采用专用汇流排切割机,并对切割断面周边的毛刺打磨处理干净,确保切割断面符合安装要求。

(3)对接过程中,应使用紧固器将汇流排缝隙拉紧密贴,并用扭矩扳手将螺栓紧固到规定扭矩;对接后,接缝应密贴,无错位、偏斜。

(4)切割后,汇流排中间接头安装孔钻孔时,应正确使用配套的钻孔模具及专用钻具。

13.3.2 汇流排跨中弛度控制

【问题描述】

汇流排跨中弛度过大,导致跨中导高与相邻定位点导高偏差较大,坡度比大于跨距值1‰,不符合标准要求。

【原因分析】

(1)悬挂点之间设计跨距过大。

(2)中间接头安装在跨中位置。

【预控措施】

(1)架设汇流排前,应绘制汇流排布置图,将汇流排沿线路排布,根据锚段长度、汇流排使用数量,合理编制汇流排布置方案。

(2)汇流排排布时,中间接头应避免处于或靠近跨中位置,中间接头连接缝至悬挂点定位线夹的距离应不小于200 mm。采用外包接头时,外包接头端头部位与汇流排定位线夹边缘距离应不小于200 mm。

(3)汇流排架设完成后,应对定位点跨距在8.5 m以上的跨距进行数据测量。跨中弛度超过坡度比1‰的,应进行详细记录,并将现场测量数据及时反馈设计单位,由设计单位制定方案后,根据方案再进行调整。

13.3.3 汇流排防氧化结晶控制

【问题描述】

汇流排外表面发黑及出现白色粉末(图13-9)。

【原因分析】

现场环境湿度较大,或汇流排顶部存在漏水点。

【预控措施】

(1)及时通知土建单位对漏水点进行堵漏处理,同时对该处汇流排加装防护罩。

(2)对汇流排腐蚀点进行打磨处理,严重部位应更换汇流排。

图 13-9　汇流排氧化结晶

13.4　接触线

13.4.1　接触线防脱槽控制

【问题描述】

因需要持续取流,受电弓通过接触线脱槽部位时会发生拉弧现象,加速接触线的磨耗,存在运营风险。

【原因分析】

(1) 汇流排开口处螺栓紧固扭矩达不到设计标准,导致接触线嵌入不到位,产生脱槽。

(2) 架线小车调整不到位,导致接触线嵌入不到位产生脱槽(图 13-10)。

(3) 汇流排内杂物未清理干净。

图 13-10　接触线脱槽

【预控措施】

(1)确保汇流排开口处过渡平直顺滑,不偏斜错位。依次拧紧螺栓,紧固扭矩达到设计要求。

(2)在接触线架设过程中,架线小车应调整好工作状态,使接触导线与汇流排嵌合紧密,架线小车前,设一人负责检查调整,使接触线位于汇流排开口正下方。架线小车后面,设一人仔细检查接触线嵌入状况,并用扳手控制架线小车的偏斜。如接触线未完全嵌入汇流排时,应人工退回架线小车,将接触线重新嵌入。

(3)冷滑试验时作为重点检查内容,安排专人全程仔细观察接触线嵌槽状况。

13.4.2　接触线架线质量控制

【问题描述】

(1)接触线架设时出现扭面变形、硬弯,或线盘长度与架设锚段长度不符。

(2)电力复合脂涂抹不均匀,可能污染碳滑板或汇流排,甚至导致拉弧。

【原因分析】

(1)线盘在吊装运输过程中发生碰撞,造成接触网损伤。

(2)接触线架设时,在导入架线小车过程当中调整力度过大,架线小车被卡住时未及时停顿处理,造成接触线损伤(图13-11)。

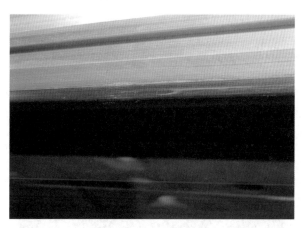

图13-11　接触线损伤

(3)技术人员未仔细检查核对配盘表。

(4)施工前未仔细检查线面情况。

【预控措施】

(1)接触线在运输过程中应注意成品保护,架设接触导线应展放顺滑、自然。牵引放线车应设有紧急脱扣装置,如遇到架线小车被卡住时,拉线应能随时脱离牵引放线车。接触线架设时应匀速导入,如发现接触线嵌入不到位应及时停车,退回架线小车,并退出此段线,调整后重新用架线小车嵌入汇流排。

(2) 技术人员施工前应仔细检查核对配盘表,确认所有锚段是否都已配盘,每个线盘的长度是否足够,并与每个盘上的实标长度核对,保证所有刚性锚段接触导线都架设一整条接触导线,不允许中间断开进行接续。

(3) 施工前,应确认导线盘及盘孔牢固完好,且没有扭曲和损坏;导线应一层层整齐紧密贴合缠绕,且不得有相互嵌缠的情况。导线不得有损伤、扭曲,不能有硬弯;如有硬弯,将造成刚性悬挂无法处理的永久性缺陷。

(4) 接触线嵌入汇流排前,应在接触线与汇流排接触面均匀涂抹电力复合脂,架设后应及时擦除多余电力复合脂。

13.5 中心锚结

13.5.1 中心锚结安装质量控制

【问题描述】

中心锚结绝缘子与汇流排夹角过大(设计要求的夹角应为 30°～45°),中心锚结安装完成后不受力或调整螺栓无调节余量。

【原因分析】

(1) 中心锚结下锚底座安装位置距定位点距离较小。

(2) 安装完成后未进行状态检查。

(3) 中心锚结安装样式或材料选型不合适。

【预控措施】

(1) 刚性悬挂调整到位后,按施工图纸中心锚结设计位置,测量中心锚结位置汇流排至隧道顶的净空高度,根据中心锚结绝缘棒与汇流排夹角应控制在 30°～45°,且绝缘距离不小于 150 mm 的设计要求,确定选用合适的中心锚结安装样式及下锚底座的安装位置。中心锚结安装示意见图 13-12。

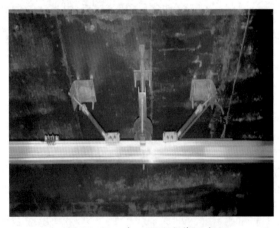

图 13-12 中心锚结安装示意

（2）中心锚结下锚底座应安装水平端正。直线段上,中心锚结底座中心线应位于汇流排中心线正上方;曲线段上,中心锚结底座中心线应在中心锚固线夹处汇流排中心线的延伸线正上方;偏差不得大于3°。

（3）汇流排与中心锚结锚固线夹的接触面应均匀涂抹导电油脂,安装紧固中心锚结锚固线夹,连接安装中锚"V"形拉线。两端调整螺丝调节余量,应预留2～3 cm。

（4）调整中心锚结两端拉杆至受力一致,并轻微拉住汇流排,检测锚固处接触线高度,汇流排不得出现负弛度。

（5）施工完成后,严格落实执行"三检制",确保施工质量符合要求。

13.5.2　超低净空区段中心锚结质量控制

【问题描述】

中心锚结处接地体距带电体绝缘距离不足150 mm,或存在现场无法按照设计中心锚结样式安装的问题。

【原因分析】

（1）轨平面至隧道顶净空近距离过低。

（2）中心锚结安装样式或材料选型不合适。

【预控措施】

（1）中心锚结安装前,应先测量中锚位置净空高度,根据净空高度确定中心锚结安装样式及选用材料型号。

（2）净空高度在4 400～4 550 mm区段,可通过调整中心锚结绝缘子或调节螺栓规格长度以达到绝缘距离大于150 mm的要求;净空高度在4 400 mm以下区段,应及时将情况反馈给设计单位,由设计单位核定并出具方案。

13.6　线岔及锚段关节

13.6.1　线岔及锚段关节质量控制

【问题描述】

线岔及锚段关节位置接触线磨耗较大,非支抬高不够,导致拉弧。

【原因分析】

（1）道岔及关节位置非支抬高不够,造成拉弧。

（2）道岔及关节位置两支悬挂等高点不平顺,存在硬点。

（3）关键部位悬挂点定位布局不合理。

（4）参数调整不达标。

（5）定位线夹存在卡滞现象。

【预控措施】

(1) 按设计值调整导高和拉出值,细调锚段关节,使叠合过渡部分在受电弓同时接触的任一点上导线高度相等,使受电弓能够平滑过渡(图 13-13);转换悬挂点处非工作支不得低于工作支,要求抬高 3～5 mm,并使两接触导线工作面平行于轨面连线;锚段关节处两汇流排终端以受电弓中心线为中心,两边对称分布,间距应符合设计标准;绝缘关节处保证两汇流排的绝缘距离,任何一点不得小于 150 mm。

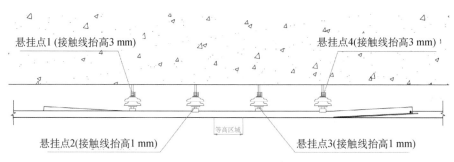

图 13-13　接触网锚段关节示意

(2) 道岔处的刚性悬挂布置应在满足受电弓动态包络线要求的前提下,尽量减少重叠区域长度,并且使渡线刚性悬挂起始悬挂点尽量靠近正线悬挂点布置,这样既可减小此处的弓网磨耗,也可以减小正线与渡线锚段跨距布置不同、驰度等原因而造成的振幅差,避免受电弓发生离线拉弧或打弓。

(3) 锚段关节及线岔参数调整完成后,应检查各悬挂点定位线夹是否存在卡滞现象;若发现,应及时处理。

(4) 验收检查时作为重点部位,检测、记录所有线岔及锚段关节处悬挂点导高值。

13.6.2　电连接安装质量控制

【问题描述】

电连接线与接地体之间的绝缘距离不足,且电连接线存在散股、断股现象。

【原因分析】

(1) 锚段关节内两组悬挂点之间距离小于 1 m。

(2) 裁剪软铜绞线过程中出现散股。

(3) 线夹出现偏扭,压接方式不符合规范设计要求。

【预控措施】

(1) 在锚段关节位置打孔定位时,特殊情况下,个别打孔位置需要移动的,需要将 4 组悬挂点同时移动,确保每 2 组悬挂点之间距离为 1 m;将电连接线远离绝缘子安装,保证电连接线安装完成后绝缘距离满足大于 150 mm 的要求(图 13-14)。

图 13-14　电连接线至接地体绝缘距离大于 150 mm

（2）裁剪软铜绞线前，先在软铜绞线上缠一圈胶带，可避免散股。

（3）剥去软铜绞线两端胶带，套入铜铝过渡线夹内，推入根部；两端线夹相对正，不得相互偏扭。使用电动液压机进行压接，压模应符合规范和设计要求。

13.7　接触悬挂

13.7.1　刚柔过渡段质量控制

【问题描述】

刚柔过渡段易出现拉弧、硬点、绝缘距离不足、参数调整不达标等情况。

【原因分析】

（1）现场作业人员施工经验不足。

（2）技术人员测量定位偏差较大。

【预控措施】

（1）开始施工前，技术人员应提前对施工现场进行全方位测量，对整个区段进行充分了解，为后续工作奠定基础，通过对隧道结构的测量来对悬挂点的高度进行精确判断。

（2）在进行测量工作时，首先要对照设计图，在现场测量排布悬挂点位置，同时记录好各类数据，并计算出下锚吊柱长度。

（3）工作支接触线在下锚过程中，应始终与汇流排的中心线处于相同的延长线上，应避免承力索和接触线在同侧下锚。

（4）悬挂调整完成后，如发现刚柔过渡装置存在弯曲的情况，应及时调整洞口第一处柔性悬挂点和刚性关节悬挂点拉出值，保证刚柔过渡装置(图 13-15)不受外在作用力影响性能。

图 13-15　刚柔过渡装置

（5）保证下锚支悬挂、下锚底座、吊柱等接地体与带电体或受电弓通过时的绝缘距离。

（6）验收检查时作为重点区段，检测、记录刚柔过渡段所有悬挂点导高值和各线索间最小间距。

13.8　架空地线及接地装置

13.8.1　架空地线安装质量控制

【问题描述】

架空地线线材本体出现散股、断股现象，张力和驰度不符合设计要求。

【原因分析】

（1）加工生产时，绞线绞制不均匀。

（2）放线过程中，未使用放线滑轮减少摩擦，造成线材本体磨损严重。

（3）放线时，仅凭经验施工，未采用张力计测量线索张力。

【预控措施】

（1）材料到货后，应按要求完成进场检测，确保材料质量符合设计及施工要求。

（2）放线时，应采用铝制滑轮或尼龙滑轮悬吊线索，减少线材本体与其他物体间的摩擦。

（3）遇到磨损、散股或断线等情况，应立即停止放线。散股时，应用同材质的绑扎线进行绑扎，绑扎长度超出缺陷部分 30～50 mm；当断股数在 1～3 股时，应采用预绞式接续条进行机械补强；当断股在 4 股及以上时，应断开并重新接续。

（4）架空地线在落锚时，应采用线索张力计(图 13-16)，通过链条葫芦直至将线索张力紧至设计要求张力。往线夹内固定安装地线时，应从起锚一端往另一端固定安装，确保可以随时调整地线的驰度张力至设计安装曲线的规定状态，并确保与运行中受电弓的距离大于或等于 100 mm。

图 13-16　线索张力计

13.8.2　接地跳线安装质量控制

【问题描述】

接地跳线散股、绑扎固定长度不符合标准。

【原因分析】

(1) 断线时,没有对线材进行绑扎。

(2) 断线工具不合适,无法一次将线剪断。

(3) 安装跳线时,未将多余长度剪掉。

【预控措施】

(1) 预制接地跳线时,应使用专用断线钳断线;断线前,应用 $\phi1.6\sim2.0$ 的铁丝将线材在断线点两端分别绑扎 3 圈(图 13-17)。

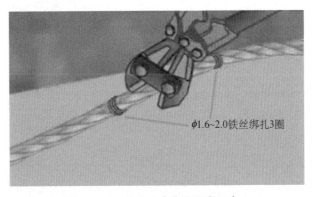

$\phi1.6\sim2.0$ 铁丝绑扎3圈

图 13-17　接地跳线绑扎固定示意 1

(2) 安装接地跳线时,应采用电连接线夹将接地跳线与架空地线连接,并按设计要求在线夹两端用 $\phi1.5$ 铜线绑扎固定(图 13-18);完成后,将多余长度剪掉。

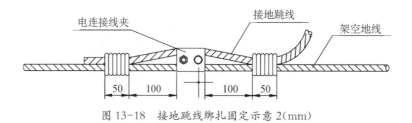

图 13-18　接地跳线绑扎固定示意 2(mm)

（3）接地跳线安装过程中,应弯曲自然,拐角处呈圆弧状,安装连接位置应紧贴固定牢固,防止松动间隙摩擦致使线材断丝。

13.9　设备

13.9.1　分段绝缘器安装质量控制

【问题描述】

分段绝缘器导流板与接触线连接处易出现拉弧、硬点现象。

【原因分析】

（1）导流滑道安装不平整,存在高差。

（2）分段绝缘器整体与轨平面不平行,存在倾斜现象。

【预控措施】

（1）测量人员在导高、拉出值及汇流排坡度调整完毕后,开始安装调整分段绝缘器,并检查导流滑道面是否紧密贴合调整工具表面。应以轨面为基准,用激光测量仪、光学测量仪检测分段绝缘器是否平整,保证受电弓平稳通过。

（2）接触网分段绝缘器(图 13-19)安装过程中,各种螺栓必须使用扭矩扳手紧固,紧固扭矩符合要求。

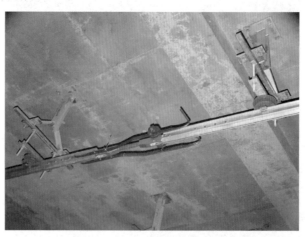

图 13-19　接触网分段绝缘器

(3)用水平尺模拟受电弓复检分段绝缘器过渡状态和平直度;用受电弓往返检查分段绝缘器的状态,应过渡平稳,确保无打弓、碰弓现象。

13.9.2 三台并联隔离开关安装质量控制

【问题描述】

三台并联隔离开关(图13-20)的刀闸开合不灵活,存在卡滞现象。

图13-20 三台并联隔离开关

【原因分析】

(1)设备底座安装不水平。

(2)隔离开关本体与操动机构不在同一垂直面上。

(3)刀闸紧固螺栓过紧,影响开合质量。

【预控措施】

(1)隔离开关的安装位置应符合设计要求,并严格按设计和产品技术文件要求安装。

(2)隔离开关的本体外观应无损坏,零件应配套齐全,绝缘子应完好、整洁,主接头接触良好,绝缘测试值、主回路接触电阻值应符合国家标准、设计要求或产品技术文件要求。

(3)隔离开关底座安装时,应保证两底座安装面水平,且间距符合设计要求;多组隔离开关并列安装时,应保证所有底座安装面都在同一水平面上,且各底座间距符合设计要求。

(4)隔离开关安装时,应保证隔离开关到墙壁或其他接地体绝缘距离符合设计要求;隔离开关打开时,刀口距接地体、墙壁最小距离应符合设计要求。

(5)隔离开关中心线应铅垂,操纵杆应垂直于操动机构,连接应牢固,无松动现象,铰接处应活动灵活。

(6)隔离开关应分合顺利可靠,分、合位置正确,角度符合产品技术文件要求;触头应接触良好,无回弹现象;操动机构的分合闸指示与开关的实际分合位置应一致,电动开关现场手动操作应与遥控电动操作动作一致,隔离开关机械联锁应工作正确可靠。

(7)隔离开关刀口部分应涂导电油脂,机构的连接轴、转动部分、传动杆均应涂润滑油。

(8)隔离开关所有底座都应与架空地线相连通,且接地可靠。

13.9.3 均回流箱安装质量控制

【问题描述】

均回流箱(图 13-21)安装位置不正确,侵入设备限界。

图 13-21 均回流箱

【原因分析】

(1)安装前,未确认设备限界距离。

(2)未合理布置设备安装位置及线缆路径。

【预控措施】

(1)均回流箱安装前,应明确设备安装限界距离要求。

(2)核对图纸中均回流箱的安装位置与现场预留孔洞位置的里程数据是否一致。

(3)明确均回流箱的电缆敷设路径是否布置合理规范。

13.10　电缆

13.10.1　上网电缆安装质量控制

【问题描述】

接触网上网电缆(图 13-22)在铺设过程中容易出现外表面破损、刮伤及电缆终端头烧煳的现象。

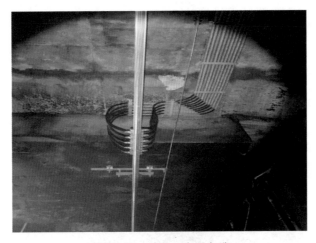

图 13-22　接触网上网电缆

【原因分析】

(1)电缆在裁剪、运输过程中未做好成品保护。

(2)电缆头制作时,制作工艺不达标、压接不牢固。

【预控措施】

(1)电缆在裁剪、运输过程中,应注意成品保护,禁止使用铁丝绑扎,避免刮伤电缆外表面。

(2)应熟悉电缆头制作流程并规范操作,严禁割伤铜线;接线端子应压接不少于 2 次,以确保受力均匀(具体参照设备技术要求);热缩管应密封严实,安装应固定牢固。

13.10.2　均回流电缆热熔焊接安装质量控制

【问题描述】

安装均回流电缆时,易出现电缆头与钢轨连接不牢固、电缆头脱落现象。

【原因分析】

电缆与钢轨焊接固定过程中,钢轨打磨除锈不够彻底,或焊接模具重复使用次数太多,或密贴缝隙过大致使药剂溢出并导致焊接部位不充足。

【预控措施】

(1)电缆头与钢轨焊接前,应将焊接侧钢轨外表面彻底打磨除锈清除干净,并将钢轨的打磨位置加热处理。

(2)电缆头与焊接模具安装到位后,焊接部位缝隙应密贴,以防止药剂在焊接过程中遗漏,应充分燃烧使用;为了保证焊接质量,每套焊接模具重复使用不得超过40组焊接点。

(3)焊接完成后,应委托具备检测资质的第三方检测机构进行钢轨探伤检测,并出具探伤检测报告。

均回流电缆焊接见图13-23。

图 13-23　均回流电缆焊接

14.1 支柱、门型架

14.1.1 支柱整正控制

【问题描述】

钢支柱承载后不垂直,向受力方向倾斜。

【原因分析】

(1) 施工人员业务不熟练,对标准及规范要求不了解。

(2) 支柱在运输或吊装过程中变形。

(3) 支柱整正时,未考虑受力后状态。

【预控措施】

1. 加强培训与交底

加强对施工作业人员的技能培训及技术交底工作,确保熟练掌握施工技术要领及施工方法。

2. 支柱校正质量标准

(1) 顺线路方向支柱应垂直,误差为±0.5%。

(2) 曲线外侧和直线上的支柱横线路方向允许外倾不大于0.5%。

(3) 曲线内侧支柱向受力的反向倾斜不大于0.5%。

(4) 单拉线锚柱允许向拉线侧倾斜0~50 mm,其他支柱顺线路方向应直立,最大允许施工误差为50 mm。直线同侧下锚转换柱应向线路侧倾斜0.5%~1%,施工误差为向受力反方向倾斜50 mm。曲外和直线腕臂柱应向非悬挂侧倾斜100~150 mm。同组横梁支柱中心连线应垂直线路中心线,允许偏差小于或等于3°。

3. 支柱堆放与吊装要求

钢支柱在运输时,堆放不能超过2层,且每层间应用木方或橡胶垫隔离;吊卸时,应采用尼龙吊带进行吊卸,防止损坏支柱表面镀锌层。

4. 支柱测量与调整

支柱组立前,应先测量计算每个法兰盘4个测量点的高差,并根据计算结果确定所需垫片的型号和数量,调整支柱并按需要添加垫片。中锚及下锚锚柱应根据线索架设后支柱的受力情况,在整正时预留一定反方向倾斜值。

14.1.2 门型架挠度控制

【问题描述】

门型架横梁不平直或挠度大于横梁长度的0.5%。

【原因分析】

(1) 未采用有效工具或设备控制、调整挠度。

(2) 安装测量误差大。

【预控措施】

(1) 门型架架设安装时,采用汽车吊将门架吊装到位后,利用汽车吊调整门型架挠度,同时用经纬仪或水准仪测量门型架挠度直至符合设计要求,然后将门型架横梁连接螺栓紧固并进行焊接。

(2) 门型架的安装高度应符合设计要求,施工允许偏差0~500 mm。门型架与支柱、门型架各梁段间应紧密贴合,连接牢固可靠,螺栓紧固扭矩应符合设计要求。门型架前后预拱度应符合设计要求,门型架全部载荷后,应呈水平状态,不得有负拱度。

14.2 支持装置

14.2.1 腕臂预配尺寸偏差控制

【问题描述】

腕臂预配尺寸偏差过大,腕臂现场安装后存在低头或抬头现象,不平直,不能满足设计及规范要求。螺栓紧固扭矩不满足规范要求。

【原因分析】

(1) 腕臂预配基础数据采集错误。

(2) 腕臂预配数据计算错误。

(3) 预配加工人员不细心,预配尺寸偏差过大。

【预控措施】

(1) 安排业务熟练的技术人员进行数据采集和腕臂计算工作。接触网腕臂预配示意见图14-1。

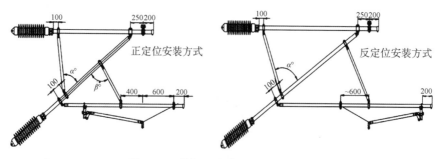

图14-1 接触网腕臂预配示意(mm)

(2) 组织施工技术骨干成立预配小组,并对参与预配工作人员进行技术交底。预配前,对所有人员进行考核,考核合格后方可参与预配工作。

(3) 各项长度尺寸应严格按照计算值预配,其施工偏差不应大于 3 mm。完成后,应进行复检,确认预配长度与计算值相符。

(4) 连接螺栓、顶丝等紧固扭矩应采用专用扭矩扳手并经过校验合格,开口销统一双边折成 120°。

14.2.2 各类底座安装高度控制

【问题描述】

腕臂上下部底座、下锚底座现场依据图纸安装高度安装后(尤其是导高升降坡段或线岔区段),现场实际情况致使导高、线岔、关节等关键部位参数无法按照设计标准调整到位。

【原因分析】

(1) 底座安装位置高度不满足调整需求。

(2) 未针对每处底座重新计算所需安装高度。

【预控措施】

(1) 应建立各类底座一杆一档安装明细表,明确每处底座对应轨面的安装高度。

(2) 导高变坡区段,坡率不得大于 1‰,且变坡点起始 2~3 跨的坡率不大于 0.5‰。

(3) 应根据锚支跨距长度计算下锚处底座安装高度。

14.2.3 螺栓穿向质量控制

【问题描述】

腕臂结构连接部件、拉线、下锚装置、吊弦等部位的固定螺栓穿向不统一。

【原因分析】

(1) 施工前未进行施工计划交底。

(2) 交底不详细,未明确各部件螺栓穿向。

【预控措施】

(1) 施工前与设计单位及维保运营单位进行对接,明确各部位螺栓穿向标准及相关技术要求。

(2) 编制详细的技术交底书,对所有人员进行全面的技术交底,确保施工人员全面掌握各部件螺栓所需的紧固扭矩标准及螺栓穿向。

14.3 拉线

14.3.1 线夹安装受力面方向控制

【问题描述】

拉线线夹受力面不正确。

【原因分析】

(1) 作业人员对线夹受力面认识不清,不掌握标准,随意安装。

(2) 安装过程中无人盯控。

(3) 安装完成后未进行检查。

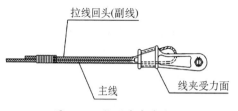

图 14-2 楔形线夹受力面

【预控措施】

(1) 加强作业人员的岗前培训,明确重点部位的正确安装方法,严格按标准施工。楔形线夹受力面见图 14-2。

(2) 设置专人集中预配。

(3) 安装过程中派专人盯控指导。

(4) 认真做好自检、互检,尤其是对重点部位的检查。

14.3.2 拉线安装质量控制

【问题描述】

拉线安装完成后不受力,下锚支柱向锚支方向倾斜。

【原因分析】

(1) 下锚拉线预制时过长,多余部分未裁剪。

(2) UT 线夹未调整到位。

【预控措施】

(1) 各部位螺栓穿向、紧固扭矩必须符合交底要求。

(2) 承锚角钢安装符合设计图纸要求。

(3) 预制拉线时,一端回头应锚固好,另一端在现场安装时进行打回头与麻固。

(4) 每个回头长度均为 500 mm,端头预留 50 mm 后进行麻固,麻固长度为 100 mm,端部绑扎 3～5 圈。

(5) UT 线夹在受力后,螺扣应外露,其长度不应小于 20 mm,且不得大于螺纹全长的 1/2。

(6) 锚柱拉线宜设在锚支延长线上,允许误差 0～100 mm,严禁侵入限界。

(7) 下锚底座应水平,并与支柱密贴。安装位置应符合设计要求,连接件镀锌层无脱落、漏镀。

(8) 紧线时不应过紧,支柱受力后倾斜不得超过规定要求,接触网锚柱两根拉线应松紧一致。

(9) 拉线不得有断股、松股、接头和锈蚀。

(10) 拉线回头露出线夹长度为 500 mm,回头绑扎应密贴、整齐。

(11) 拉线线夹凸肚应朝向田野侧,销钉应从上往下穿,开口销掰开 120°。

14.4 棘轮补偿装置

14.4.1 棘轮补偿装置安装高度控制

【问题描述】

地铁车辆段或停车场内接触网多采用简单悬挂形式,棘轮补偿装置的安装高度决定锚支抬高距离,会直接影响线岔参数无法按照标准调整到位,存在钻弓、打弓风险。

【原因分析】

(1) 现场测量定位错误。

(2) 下锚棘轮安装高度未重新计算。

【预控措施】

(1) 加强现场技术人员培训学习,全面掌握棘轮补偿装置安装测量施工方法。

(2) 根据每处下锚锚支跨距长度计算相应棘轮安装高度后,再进行打孔固定安装。

14.4.2 棘轮补偿装置安装质量控制

【问题描述】

补偿棘轮坠坨串存在卡滞,补偿绳排列交叉、偏磨等现象。

【原因分析】

(1) 调整 a、b 值时没有将平衡轮校正。

(2) 安装棘轮装置时,未将补偿绳在棘轮上顺延排序。

(3) 棘轮底座固定轴、止动间隙调整不到位。

(4) 拉线基础未在下锚支的延长线上,受力后锚柱内倾。

【预控措施】

(1) 调整 a、b 值时,将平衡轮调整至平行地面,避免补偿绳交叉。

(2) 补偿装置的调整应符合设计安装曲线,坠坨距地面高度偏差不大于 200 mm,在任何情况下距地面不得小于 200 mm。坠坨安装、码放整齐,外表光洁,连接螺栓紧固牢靠。补偿传动灵活,坠坨无卡滞现象。

(3)安装棘轮时,确保补偿绳在棘轮上的顺延排序,充裕的补偿绳回头盘成直径(200±50)mm 的圆圈,用 $\phi2.0$ 铁丝固定在补偿绳主侧。

(4)当拉线基础未在锚支的延长线上时,锚柱整正应向外侧预留一定的倾斜量。

(5)承力索、接触线在补偿装置处的张力应符合设计要求,补偿坠坨串的质量允许偏差为 ±1%。同一锚段两串坠坨质量的相对偏差不大于 1%。

(6)确保制动块调整与棘轮的距离为 15～20 mm,且间隙均匀。

棘轮补偿装置见图 14-3。

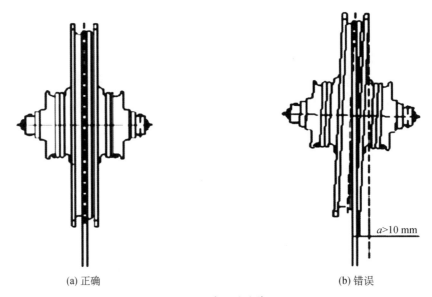

(a)正确　　　　　　　　　　　(b)错误

图 14-3　棘轮补偿装置

14.5　承力索及接触线

14.5.1　线材硬点控制

【问题描述】

由于接触网硬点的问题,电力机车的震动和其他一些因素往往造成受电弓和接触线瞬间脱离,致使受电弓和接触线之间在脱离处发生电弧,这是很不利的工作状态。硬点产生的碰撞和电弧会加速接触网和受电弓滑板的异常磨耗和撞击性损害,同时破坏弓网间的正常接触和受流,影响弓网使用寿命。

【原因分析】

(1)人工架设承力索或接触线时,起锚、落锚过程中需重新对线(索)进行松线或紧线,致使线(索)架设时的张力不均匀,极易在外力的作用下发生变形、扭曲,造成硬点。

(2)架设过程中,临时吊弦布置太少或不均匀排布,接触线的自重会造成临时吊弦点处的接触线受力过大,从而引起接触线拱起变形,形成硬点。

(3)施工人员操作不当也会造成接触线的硬点。例如,接触线架设作业时,架线车作业平台抬升过高,将接触线抬升过大形成弯曲,施工人员脚踏接触线进行施工作业,或施工机具、设备对接触线进行硬挤压等。

【预控措施】

(1)采用先进的接触网架设车辆和机械装置,由专门的控制和检测电子系统精确地进行恒张力下的接触线架设。将预定张力值输入随机电脑后,电脑控制液压驱动的补偿卷筒产生张力,调节可横向移动的液压驱动线盘,调节摩擦卷筒的驱动装置,让接触线通过液压控制专用升降架及导向滑轮精确地展放和导向。不管作业车处于启动、运行、制动或停止状态,接触线的张力始终保持不变,从而可以大大减少架设中可能造成的接触线硬点。

(2)施工人员在施工中要遵守操作规程,工作时要认真、仔细,确保不人为造成接触线的弯曲、变形。

(3)对于因接触线弯曲已经形成的硬点,可先用推拉式直弯器将明显的弯曲顺直,再用特制的小锤配合平直的木板进行敲打平直。

(4)在进行中心锚结、分段绝缘器安装时,悬挂高度要比接触线设计的高度高出20~30 mm,可降低受电弓快速通过时形成硬点的概率。

(5)冷滑试验时,作为重点检查内容,安排专人全程仔细观察受电弓滑动情况,检查接触线是否存在硬点;热滑试验时,派专人观察受电弓视频监视画面或复查录像,仔细查验接触线是否存在硬点。

14.5.2 曲线段架设质量控制

【问题描述】

曲线段接触网架设时,承力索或接触线临时悬挂在腕臂上,落锚紧线时曲线段腕臂易偏移或线材固定不牢靠,容易滑脱。

【原因分析】

(1)腕臂未进行加固处理,紧线时腕臂易受水平作用力随线条移动。

(2)加固材料不达标,受力后被扯断或滑脱。

【预控措施】

(1)施工前,应采用双股 $\phi4.0$ 以上铁丝将上下行腕臂连接固定,使腕臂尽量处于垂直于线路状态。曲线段腕臂加固示意见图 14-4。

(2)为了保证架设的线索不受损伤,减少紧线时的摩擦力,架设线索时应在腕臂上用铁丝和悬吊滑轮做临时固定,减少紧线时腕臂的偏移量。

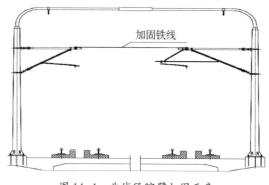

图 14-4　曲线段腕臂加固示意

14.6　悬挂调整

14.6.1　腕臂偏移值控制

【问题描述】

接触网架设调整完成后,存在腕臂向下锚方向偏移量不足或腕臂向中心锚结方向偏移现象。

【原因分析】

(1)新架设线索未进行超拉试验,新线发生延伸或蠕变。

(2)未计算每个定位点的腕臂偏移量。

(3)架线完成后,未及时调整腕臂。

【预控措施】

(1)新线架设完成后,应进行超拉试验,以缩短新线的延伸时间。承力索超拉张力为额定张力的 1.6 倍,超拉时间为 10 min;接触线超拉张力为额定张力的 2 倍,超拉时间为 30 min。

(2)施工人员在悬挂调整前,应依据设计提供的腕臂偏移计算曲线图,计算每处腕臂偏移量。

(3)半补偿链型悬挂方式,应从无补偿下锚位置向补偿下锚方向逐个定位点计算腕臂偏移量;全补偿链型悬挂方式,应从中心锚结向两侧放线逐个定位点计算腕臂偏移量。

(4)加强施工人员培训,提升作业技能,使其熟练掌握标准规范。

14.6.2　接触线扭面风险控制

【问题描述】

接触线存在扭面现象,直接影响接触线的使用寿命及行车安全。

【原因分析】

（1）施工工序或作业流程存在问题。

（2）架设完毕后，未安排人员对线面进行检查确认。

【预控措施】

（1）架设接触线时，首先在第一根转换柱处固定新线起锚组，将接触线补偿装置固定在支柱上，避免补偿装置往上窜，预留量为 500 mm。作业车 1 的作业人员将新线穿过第一根转换柱工作支导线后交给作业车 2，作业车 2 人员将新线与补偿装置连接可靠，完成起锚工作。随后，恒张力放线车紧线使新线带张力，在转换柱处用定位线夹将新线固定在定位管上。将新线固定在定位管上，其主要目的：一是新线盘绕在线盘上，在自身应力的作用下极易发生翻转，稍不注意就会造成后续放线过程中线索扭面。将其固定住，可避免线索往线盘方向继续发生翻转，保证后续放线线面正确。如转换柱往起锚柱反向线索翻转引起线面不正，可通过翻转起锚绝缘子处线夹将线面扭正回来。二是确保线面正确。此时，恒张力放线车收紧线索使线索带上张力匀速往落锚方向放线，在第一时间固定新线，能及时发现线面是否正确。三是第一时间确认是否进行了穿线，杜绝忘穿线或穿线错误发生。

（2）实时调整放线张力，使用放线车拨线装置使新线到达合适位置后，放线车以该线路设计张力的 1/4（须大于线盘张力）启动，并逐步增加张力达到标准张力，一般设置放线张力为该线路设计张力的 1/2，随后匀速运行至下锚处。此外，在放线过程中，要视线索重力垂落情况，适当增加张力，但不宜超过该线路设计张力的 2/3，以防止锚柱不堪重负及相关参数变化过大。

（3）冷滑试验时，作为重点检查内容，全程安排专人仔细观察接触线线面状况。

虽然采取固定新线及调整参数措施后，接触线扭面概率明显减小，但检查线面工作仍不可放松。放线车过后、各作业小组倒线之前，必须安排专人从中锚处同时向两端锚柱检查接触线线面，确认线面正确；一旦出现线索扭面，应立即汇报，采取措施，迅速解决，确保后续工序顺利进行。

14.6.3　定位线夹安装质量控制

【问题描述】

定位器定位线夹受力面装反，长时间后易造成线夹夹板断裂，导致定位器脱落，严重影响电力机车运行安全。

【原因分析】

（1）作业人员素质参差不齐，定位线夹安装时，稍不注意就会发生受力面装反现象（图 14-5）。

（2）安装完成后，未进行检查确认。

【预控措施】

(1)严格按照安装图或说明书要求进行安装,保证受力面安装方向正确(图14-6)。

(2)施工完成后,严格落实"三检制",确保施工质量符合要求。

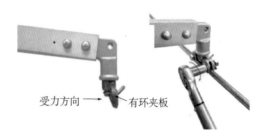

图14-5　定位线夹受力面装反(错误示例)　　图14-6　定位线夹受力面示意

14.7　线岔及锚段关节

14.7.1　线岔及锚段关节质量控制

【问题描述】

因受道岔柱定位或接触网设计排布影响,部分线岔柱定位点拉出值过大(最大可达400 mm),线岔交叉点横、纵向偏差超过规范要求的(±50 mm),两接触线相距500 mm处高差大于±100 mm,易造成受电弓通过时出现打弓、钻弓或接触线偏磨现象。

【原因分析】

(1)道岔柱位置存在非标定位。

(2)定位柱设计安装形式与现场情况不符。

(3)锚支抬高不足或过大。

【预控措施】

(1)组织技术人员认真核对设计图纸中道岔定位柱位置、安装形式是否满足后期调整及安装要求,验收检查时作为重点部位,检测、记录所有线岔及锚段关节处悬挂点导高值。若存在问题,及时反馈设计单位进行调整。

(2)地铁线路道岔柱定位应设置于两线路中心线间距180~300 mm处(最佳位置为220 mm处)。拉出值按200 mm进行检调时,线岔交叉点应位于两内轨950~1 250 mm范围的中心线上,允许误差±50 mm。当两支均为工作支时,两接触线间距500 mm处侧线比工作支高0~10 mm,侧线线岔的两接触线应等高,允许高差不大于10 mm;当一支为非工作支时,非支接触线比工作支抬高不小于50 mm。

(3)地铁停车场或车辆段内设计多为简单悬挂接触网形式,下锚底座安装高度应根据跨距长度进行计算,确保安装高度满足后续线岔调整需要。

14.7.2 电连接安装质量控制

【问题描述】

电连接线散股,电阻值超标或压接不到位,预留长度不满足要求。

【原因分析】

(1)裁剪电连接线时,未用胶带固定端头。

(2)安装电连接线时,未释放绞力。

(3)电连接线夹不符合要求。

(4)接触电阻值超标,安装时未进行打磨或导电膏使用不规范。

(5)安装电连接线时,未考虑因温度变化预留的富余量。

【预控措施】

(1)裁剪电连接线时,应用胶带缠绕固定裁剪处两端,使用专用的弧形刀口断线钳进行断线。

(2)电连接线应安装在设计的位置,施工允许偏差为 ±0.5 m。电线载流截面应与被连接的接触线悬挂载流截面相当,并应完好,无松散、断股等现象,连接牢固、接触良好。若铜接触线与铝电连接线连接时,应采用铜铝设备线夹。

(3)电连接安装处接触线、承力索及电连接线夹内表面应用砂纸打磨并除去氧化物及污物,线夹内表面及线索的压接部位均应均匀涂抹导电膏。

(4)电连接的长度应根据实测确定,股道间的电连接线应呈弧形,预留因温度变化而产生的位移长度。

(5)承力索和接触线间的横向电连接线宜做成弹簧圈状,弹簧圈可绕 3~4 圈,弹簧圈的内径为 80 mm,其底圈与接触线的距离以 200~300 mm 为宜。关节电连接安装见图 14-7。

(6)平均温度时,多股道的电连接线水平投影应呈一直线并垂直于正线;若无正线时,应垂直于较重要的一条线路。任意温度下安装电连接线时,应预留温度变化的偏斜量。

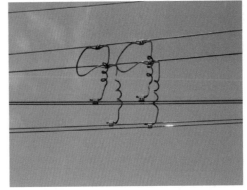

图 14-7 关节电连接安装

(7)全补偿链型悬挂锚段关节处,由于两接触悬挂随温度向相反方向发生偏移,安装电连接线时,应有足够的活动预留。

15.1 通信机房外施工

15.1.1 管线敷设质量控制

【问题描述】

（1）墙面刮白前未完成预埋。

（2）室内明敷钢管高度低于吊顶，保护管外露。

（3）机房室内预埋高度低于静电地板，无法安装信息面板。

（4）预埋点位错、漏、少。

（5）保护管预埋出线盒的高度不平齐，管口未打磨或打磨不到位。

图 15-1 管线预埋过长

（6）车控室分线箱预埋位置后期被遮挡。

（7）预埋保护管管口被水泥浆灌入堵死。

（8）预埋配管与其他专业冲突。

（9）明敷管线支吊架间距过大或缺失。

（10）明敷管线电气连接接头连接不牢，或没有可靠的电气连接。

（11）墙内暗敷电管固定不牢靠，或固定点间距过大。

（12）由桥架到终端设备的保护管敷设不到位，以致电缆保护软管过长或预埋过长（图 15-1）。

【原因分析】

（1）现场调查未及时跟进，对现场装修进度掌握不清；对装修标高线未进行现场交接确认。

（2）对接机电装修单位时，未明确吊顶高度。

（3）施工过程中忽略静电地板的高度。

（4）未按图纸施工。

（5）现场技术人员交底不到位。

（6）施工人员不清楚车控室布置情况,或未按交底位置预埋。

（7）预埋保护管管口未封堵。

（8）施工人员未考虑出管高度问题,导致预埋出管高度与其他专业出管高度相同。

（9）标高未确定,或有多处标高。

（10）预埋管出墙面未采用接线盒而采用弯管方式,影响外观。

【预控措施】

（1）了解机电砌筑单位施工进度,预埋时采用双面切割刀进行墙体切割,减少墙面破坏,同时对预埋后墙面进行仔细恢复（可协调机电砌筑单位使用其腻子粉）;对墙面多管预埋部位,应加设钢丝网,以增强抹灰后的强度、防止墙面开裂或裂缝。

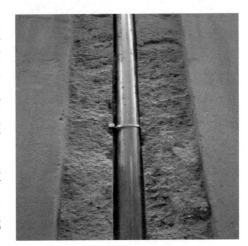

图 15-2　标准化管线预埋

（2）对明敷管进行调整。对距离吊顶太近的钢管出线口,协调装修单位,重新预埋,并恢复墙体。对墙面出管,按规定使用接线盒,不允许弯管出墙面。

（3）重新进行预埋,机房内预埋时应加上静电地板高度。

（4）要求施工人员按图纸要求进行返工,重新进行工序技术作业交底,现场技术人员同时加强现场巡视和排查。

（5）对错误预埋的分线盒进行重新预埋,并对墙面进行恢复。通常,车控室分线盒最好的预埋位置在车控室门与站长室门之间,具体以综合监控图纸车控室布置为准。

（6）预埋后,对管口进行封堵保护。

（7）预埋出管高度应与其他专业出管相差 10 cm 左右(宜接近通信桥架高度,以便于后续配管布线)。

标准化管线预埋见图 15-2。

15.1.2　桥架安装质量控制

【问题描述】

（1）站台桥架距离屏蔽门过近,屏蔽门检修盖板无法打开。

（2）公共区、设备走廊桥架路径被风管阻挡,尤其是设备区弱电桥架进弱电井部位易发生交叉或阻挡问题。

（3）其他专业桥架占据通信桥架安装路径。

（4）综合吊支架上桥架安装空间不足。

图 15-3　桥架未有效连接

（5）桥架上的连接螺丝和固定桥架的吊杆及桥架切割处生锈。

（6）桥架间连接处未安装跨接地线。

（7）桥架安装分支未切弯、打磨，与桥架连接的保护管未用锁头固定。

（8）桥架遗漏伸缩节、防晃支架。

（9）弱电桥架安装后，线缆敷设或维护空间较小。

（10）桥架支架间距过大，转弯处缺支架。

（11）桥架过建筑沉降缝或伸缩缝时没有预留变形间距。

桥架未有效连接见图 15-3。

【原因分析】

（1）各专业间接口交底不全面或施工人员未按图纸施工。

（2）综合管线图不全或未按图纸施工。

（3）现场结构不满足设计要求。

（4）吊杆、横担、桥架切割后未作防锈防腐处理。

（5）施工遗漏。

（6）现场技术人员交底不全面。

（7）现场其他专业人员未按图纸施工，压缩了弱电桥架内线缆敷设的上部空间。

【预控措施】

（1）重新安装桥架，层高较高的可以升高桥架，避开屏蔽门检修盖板；及时与屏蔽门专业人员沟通，确认检修空间的最低要求，并为屏蔽门预留出检修空间；或在 BIM 图中开启屏蔽门检修盖板进行碰撞试验，及时调整安装位置，确保与屏蔽门检修不冲突。

（2）为防止风管冷凝水渗漏，桥架应尽可能避免走风管下方。

（3）现场空间充足时，可以适当更改安装路径；如无其他安装空间时，可安装在该桥架上、下方（注意，与强电桥架保持不小于 300 mm 的间距）。

（4）整改综合支吊架排布，或协调综合支吊架其他满足安装的空间（除满足安装桥架外，还应留有放线空间）；如无空间，可以将这一段桥架安装到室内，绕开拥堵路径（变更情况应由设计单位签字确认）。

（5）严格落实材料检测制度，确保进场材料质量合格；现场加工后，桥架应作防锈处理。

(6) 桥架安装前,对桥架安装技术要求和注意事项进行全面交底,同时加强现场巡查,对不符合施工规范的,要求整改。

(7) 返工时,现场技术人员重新交底,同时加强现场巡视和排查。

(8) 应加强技术交底,严格按施工规范和作业指导书施工作业。同时,提高作业人员的质量责任制和质量管理责任心。

(9) 当桥架过伸缩缝时,必须设置伸缩节;直线段超过 30 m 时,应设防晃/固定支架。现场应注意检查。

(10) 应加强综合管线图纸的 BIM 管理和专业会签,同时对各方提资进行审查。

标准化桥架安装见图 15-4。

图 15-4　标准化桥架安装

15.1.3　室外箱体安装质量控制

【问题描述】

(1) 端头门内,CCTV 综合箱安装位置距离端头门过近。

(2) 公共区装修单位预留搪瓷钢板空间不足,无法安装箱体。

(3) 箱体配套桥架安装位置与其他系统存在冲突。

(4) 箱体安装过高,影响调试、检修。

(5) 箱体安装未与墙面留有一定间隙,易造成凝露或墙面渗水易进入箱体,发生箱体腐蚀、生锈等质量问题。

(6) 公共区箱体或屏体位置与其他专业设备位置冲突,影响现场施工。

(7) 室外天线立柱材质不符或底部缺少加强筋板,导致立柱安装不牢固。

(8) 箱体与引入桥架或电管间缺跨接地线。

【原因分析】

(1) 安装 CCTV 综合箱时,未考虑端头门绝缘区域内不许安装设备的要求。

(2) 公共区装修单位对接时,未了解搪瓷钢板安装位置。

(3) 安装桥架时,未与其他系统对接安装位置。

(4) 现场技术人员交底不全面。

(5) 公共区箱体安装未采取措施增加箱体与墙面的间隙,技术交底不清晰或无此意识。

(6) 通信室外箱体与其他专业设备空间位置冲突;图纸点位标错;专业设计相互

间提资不清晰,或现场变更未告知另一方。

(7) 室外天线立杆如无设计要求,则应要求承包商提交立杆加工、安装图及其技术要求,确保牢固可靠。

【预控措施】

(1) 提前对安装人员交底,安装时现场重点把控,将 CCTV 综合箱安装到绝缘区域外(距离端头门至少 1.5 m)。

(2) 安装 CCTV 综合箱时,与公共区装修单位做好对接,由搪瓷钢板专业人员在墙体上标记出 CCTV 综合箱的具体安装位置。

(3) 安装桥架时,提前与其他系统对接安装位置。

(4) 对安装过高的箱体进行下调。

(5) 发生位置冲突后,应核对专业图纸;如属设计问题,则由设计单位进行变更。

(6) 室外天线立杆采购加工前,查阅设计要求,明确材质和加工件原装技术质量要求。

标准化箱体安装见图 15-5、图 15-6。

图 15-5　标准化箱体安装 1　　　　　图 15-6　标准化箱体安装 2

15.1.4　站内光电缆、馈线敷设质量控制

【问题描述】

(1) 线缆过长造成浪费;长度不足,不满足成端要求。

(2) 地槽内线缆布置凌乱,线缆未做标签或标签辨识度不高,导致不能区分。

(3) 敷设线缆型号错误。

(4) 线缆折损、破皮。

(5) 通号线缆间过走廊预埋钢管空间不足,线缆无法全部穿过。

(6) 光缆弯折幅度过大,弯曲半径小于护套外径的 15 倍,造成光缆衰耗大,甚至纤芯折断;漏缆弯折幅度过大,造成漏缆出现折痕,驻波比过大。

(7) 少放、漏放线缆(如电垂梯内摄像机网线、五方通话装置信号线、出入口摄像机-求助电话联动线、照屏蔽门摄像机-CCTV 箱的视频线)。

(8) 强弱电线缆未分开敷设,导致线缆交叉或造成信号干扰等问题。

区间引上线缆过长见图 15-7。

图 15-7 区间引上线缆过长

【原因分析】

(1) 施工人员未对点位长度进行测量或测量方式不正确。

(2) 施工人员未对线缆进行标注或标注不明确。

(3) 放线人员不清楚线缆型号,未仔细查看图纸(如将 4 芯多模线和单模线混淆)。

(4) 施工人员放缆时存在生拉硬拽、拖地等现象。

(5) 设计或施工预埋钢管的管径、数量不满足要求,受现场制约无法按设计图纸预埋。

(6) 线缆敷设时,现场监管不到位,未按交底要求落实。

(7) 图纸标注不清或施工人员未按图纸施工。

(8) 线缆敷设前未做线缆清册,未设专人带队进行线缆敷设,线缆未做好临时标签,机房内线缆敷设时未进行规划。

【预控措施】

(1) 点位线缆长度测量应首先确定线缆的起点、终点,根据桥架路径进行测量

（可以使用测距小车），同时充分考虑引上、引下及预留长度。

（2）线缆敷设过程中需要做到每根线的两端标签齐全，标签需注明起点、终点和用途（机房、箱体内正式标签还需标明线缆型号、长度）。

（3）技术人员对放线人员进行详细图纸交底，同时项目部制作相关各系统放线类型台账下发施工队（线型变化时，应更新台账并再次下发施工队）。

图 15-8　室内线缆标准化敷设

（4）对损伤线缆采取接续或重新敷设的措施，并对相应作业人员进行处罚，再次对施工人员进行技术交底。

（5）条件允许时，增加钢管预埋；条件不允许时，在通号线缆间增加走桥架，引导部分线缆敷设至设备点位。

（6）对折损线缆进行整理并测量，不符合要求的，需重新敷设；重新对相关施工人员进行技术交底。

（7）对少放、漏放线缆进行补放，项目部技术人员加强现场巡查，对重点、易遗漏点位进行核查确认。

（8）线缆敷设前，应制作线缆清册、线缆标签；线缆标签敷设过程中脱落，应及时补充标签；线缆标签内容应能准确反映线缆起点、终端，便于线缆成端时辨识。

室内线缆标准化敷设见图 15-8。

15.1.5　终端设备安装质量控制

【问题描述】

（1）车控室摄像机无法同时监控到工作台和 IBP 盘；自动售票机处摄像机无法全部监控到整组自动售票机背部的情况；公共区摄像机被导向、疏散标识牌遮挡。

（2）漏装出入口电垂梯地面出口处的摄像机，室外半球摄像机和球机未安装防雷。

（3）PIS 屏被导向牌遮挡。

（4）室内时钟安装位置过高，时钟顶部贴住吊顶，不利于检修。

（5）设备区走廊广播安装位置与照明灯管冲突。

（6）公共区扶梯处广播按图纸安装在扶梯上方，无法检修。

（7）安全出入口通道门内，专用无线覆盖场强弱。

（8）设备安装不牢固，晃动严重。

(9) 终端设备安装后,未做好防护,被装修专业顶面喷黑,造成返工更换处理。

(10) PIS屏安装位置离屏蔽门太近,屏蔽门上部检修盖板无法打开。

【原因分析】

(1) 图纸布置位置不合理,或施工人员未按图纸施工。

(2) 施工遗漏或技术员交底不到位。

(3) 图纸安装位置与导向标识冲突。

(4) 施工人员安装过高或机电装修单位吊顶降低。

(5) 广播设计位置与照明灯具安装位置冲突。

(6) 未考虑实际检修需求。

(7) 专用无线系统的中间馈线线路存在弯折现象,或施工人员中间使用不符合设计功率要求的耦合器/功分器。

(8) 螺栓安装不牢固,造成设备晃动。

(9) 终端设备安装后,未做好设备保护。

【预控措施】

(1) 施工前明确设备安装位置。

(2) 对遗漏点位进行补做,并对全线进行排查。

(3) 在不影响功能的情况下,通信终端设备(如时钟、PIS屏、广播等)可以适当升高或降低(最低为 2 800 mm);如无法避开,则需移位安装。

(4) 重新进行测量,对位置错误的,重新安装。

(5) 对广播进行移位安装,具体位置可以由运营单位现场指定。

(6) 对馈线路径进行排查,更换弯折受损的馈线,使用符合设计要求的无源器件。

(7) 采用角钢对安装的设备进行加固。

(8) 终端设备安装后,需加装防护罩或防水保护膜覆盖保护。

标准化终端设备安装见图 15-9、图 15-10。

图 15-9 标准化终端设备安装 1　　　　图 15-10 标准化终端设备安装 2

15.2 通信机房内施工

15.2.1 机柜及机柜底座安装质量控制

【问题描述】

(1) 机柜底座高度高于地板装修完成面高度。

(2) 机柜底座安装倾斜或不稳固。

(3) 机柜及机柜底座漆面脱落。

(4) 机柜安装后前凸或倾斜。

(5) 机柜安装后柜间缝隙过大。

(6) 机柜油漆脱落。

(7) 机柜变形。

(8) 电池架到离壁墙之间距离过小,无法铺设静电地板。

(9) 机柜未接地,或接地使用的线缆型号不对。

(10) 机柜安装后,前、后操作距离或检修距离过小,维护不便。

(11) 机柜柜体与柜门间缺接地跨接。

机柜底座不平整、门锁损坏见图 15-11、图 15-12。

图 15-11　机柜底座不平整　　　　　图 15-12　机柜门锁损坏

【原因分析】

(1) 前期技术人员测量静电地板标高数据不准确;装修专业未按照机房移交时确定的静电地板完成面施工。未做好 1 m 线标高的交接,或现场定位前未再次确认标高线。

(2) 机房垫层表面不平整,或安装过程中未对底座进行调平。

(3) 现场安装过程中受外力碰撞脱落。

(4) 机柜安装过程中未调平或调平不到位。

(5) 机柜底座与机柜尺寸不匹配。

（6）运输或安装过程中发生碰撞。

（7）设计布局有误或房间空间不足,无法预留足够间距。

（8）现场施工交底不全面。

（9）现场机柜底座定位时,未考虑机房环境,忽略了结构柱、风口或不规则墙面等影响局部检修空间的情况。

【预控措施】

（1）静电地板标高差距不大时,可以协调机电装修单位进行调整(通常,静电地板可以升降 3 cm 左右);差距较大时,应对机柜底座进行重新加工;不可调底座高度时,应选取前期测量时的最低高度。

（2）使用垫片进行微调;如果需调节幅度过大,可以采用槽钢稳固后再进行垫片微调。

（3）机柜及机柜底座搬运、安装时,应注意成品保护,可采用海绵垫、纸箱等对其保护;安装后,及时做好成品保护。

（4）严格按照机柜要求安装,并采用水平尺、线锤等工具。

（5）对相应机柜底座进行测量,对不符合要求的进行更换。

（6）联系厂家进行修复。

（7）联系钣金进行外形修复,联系厂家对油漆进行修复;变形严重无法修复的,应联系厂家重新发货(开箱时需监理旁站并形成纸质记录)。

（8）空间较大的机房,可以联系设计、运营单位,将电池架前移,留足 1 人间距,供机电单位安装静电地板;空间紧凑的,由机电单位使用盖板进行封堵,以确保无物品掉落可能。

（9）严格按照施工交底内容进行敷设。施工技术交底必须兼顾检修维护空间;如有问题,可根据现场情况适当调整。如无法调整,应及时告知设计单位协调确定。

标准化机柜底座及机柜安装见图 15-13、图 15-14。

图 15-13　标准化机柜底座安装

图 15-14　标准化机柜安装

15.2.2　室内走线槽安装质量控制

【问题描述】

（1）走线槽安装路径不笔直。

（2）走线槽连接螺丝生锈。

（3）走线槽连接片处未接跨接地线（图 15-15）。

（4）走线槽位置与机电静电地板支撑腿的位置冲突。

（5）走线槽至机柜体三通与柜体连接处错位。

图 15-15　走线槽连接片处未接跨接地线

【原因分析】

（1）施工时，未使用专业工具辅助安装。

（2）配套材料不满足防锈要求。

（3）施工遗漏。

（4）机房静电地板布置未考虑机柜排布，机柜排布受结构影响改变。

【预控措施】

（1）重新安装走线槽及其支撑。安装时，可采用激光水平仪辅助定位安装（打出的激光应与走廊侧墙面平行）。

（2）对生锈螺丝进行更换。

（3）由施工人员重新补做，保证符合接地规范要求。

（4）布置走线槽时，应参考静电地板网格线并尽可能避开结点位置（静电地板尺寸为 600 mm×600 mm）。如果机房布置无法避让，应协调机电装修单位对静电地板

排布进行调整,同时还可以考虑将电源线、地线走线槽规格由 400 mm 降为 300 mm
(线缆较少)。

标准化走线槽安装见图 15-16。

图 15-16　标准化走线槽安装

15.2.3　柜内设备安装质量控制

【问题描述】

(1) 设备未按照图纸或定标位置安装(图 15-17)。

(2) 设备上下晃动。

(3) 设备固定螺丝生锈。

(4) 设备自带电源线插头与配电器不匹配。

(5) 设备缺少配件。

(6) 缺少孔洞封堵。

(7) 缺接地连接线。

(8) 机柜门缺防尘措施。

(9) 柜顶风扇无法开启。

图 15-17　设备安装影响机柜门开闭

【原因分析】

(1) 施工人员未按要求施工,或技术交底不彻底。

(2) 设备安装固定不牢固。

(3) 空气湿度大,螺丝未采用不锈钢材质。

(4) 设备厂家与配电器厂家未对接。

（5）施工人员未领取配件,配件丢失,或厂家未配备。

【预控措施】

（1）由技术员对施工人员统一交底,要求施工人员严格按照标准执行,未按要求安装的设备应拆掉重新安装。

（2）更换安装位置或进行加固。

图 15-18　标准化室内设备安装

（3）要求厂家更换不锈钢材质螺丝。在机柜内部、机房墙边等地方放置干燥剂;如果湿度太大,可以安装除湿机。

（4）要求设备厂家更换电源线。

（5）检查厂家是否配备配件,如未配备,要求厂家补发;检查施工人员是否领取配件,如领取后丢失,由施工人员补偿。

标准化室内设备安装见图 15-18。

15.2.4　柜内设备配线布设质量控制

【问题描述】

（1）出线顺序混乱,缆线扭绞、弯曲半径不足。

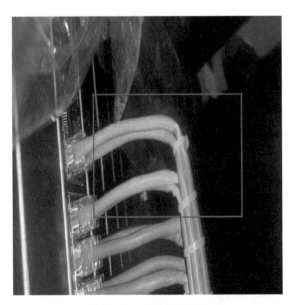

图 15-19　线缆绑扎过紧

(2)尾纤布放凌乱,无保护,走线不美观,预留线缆堆在静电地板下或机柜下部。

(3)线缆规格使用错误。

(4)室内设备成端时,线缆未做预留。

(5)网线接触不良。

(6)ODF机柜到传输机柜、CCTV机柜、PIS机柜的跳纤在线槽内未套软管保护。

线缆绑扎过紧见图15-19。

【原因分析】

(1)施工前未对出线作规划。

(2)技术交底不彻底,检查不到位。

(3)未按图纸施工。

(4)施工经验不足,或未按要求施工。

(5)网线水晶头压制过程中,线芯断裂或水晶头探针与线芯未接触。

【预控措施】

(1)重新整理线缆,线缆绑扎整理按先远后近原则处理,线缆弯曲半径应符合质量要求(同一处线缆弯曲弧度宜保持一致);除尾纤、电话2芯线外的较粗线缆绑扎时,宜绑扎为方形。

(2)对凌乱尾纤进行整理、盘留,使用缠绕管进行保护,同时用扎带对缠绕管进行固定。

(3)对不符合设计要求的线缆进行更换。

(4)室内施工线缆成端时,需要做一个弧形弯,保证能够2次和3次成端。未做预留的,可以将线槽内预留的线缆拉出,保证预留。

(5)重新制作网线水晶头,并使用测试工具进行测试。

(6)在设备未启用情况下,拆掉跳纤,套上PVC保护管;在设备启用情况下,将PVC保护管纵剖,套在跳纤上,然后使用胶带缠绕纵剖后的PVC保护管。

标准化室内设备配线见图15-20。

图15-20 标准化室内设备配线

15.3 轨行区施工

15.3.1 电缆支架安装、锚栓预埋质量控制

【问题描述】

(1) 电缆支架固定 T 型螺栓生锈。

(2) 电缆支架未使用双螺母固定,螺母由于长期震动易脱落。

(3) 铺轨专业浇筑,站台处支架存在污染、掩埋或无法按设计要求安装的情况。

(4) 盾构管壁钻孔废弃孔未及时用水泥砂浆封堵,内部钢筋易锈蚀。

(5) 电缆支架固定螺丝生锈;缺少垫片或垫片偏小。

(6) 支架侵限。

电缆支架安装不平整见图 15-21。

【原因分析】

(1) 环境潮湿,螺栓未使用不锈钢材质。

(2) 现场技术人员交底不到位,或施工人员未按照要求施工。

(3) 未按图纸施工,支架安装较低;铺轨专业排水沟处浇筑过高。

【预控措施】

(1) 选材时,采用不锈钢材质,并安排人员对生锈螺帽进行更换。

(2) 补加螺母;采用力矩扳手进行安装,确保螺丝紧固结实可靠。

(3) 要求施工人员按技术规范进行返工,现场技术人员重新交底。

(4) 站台处支架安装前,应先及时对接现场安装条件;安装时做好防护。

标准化电缆支架安装见图 15-22。

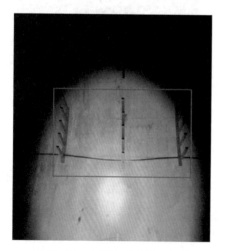 

图 15-21　电缆支架安装不平整　　　图 15-22　标准化电缆支架安装

15.3.2 漏缆卡具安装质量控制

【问题描述】

(1)卡具安装歪斜,高度不一。

(2)卡具未贴紧隧道壁或卡具脱落。

(3)转弯处或跨距较大处,未采取加强措施。

【原因分析】

(1)未使用仪器仪表进行测量,造成定位不准。

(2)卡具未拧紧,T型螺栓未紧固。

(3)转弯处或跨距较大等受力较大的特殊部位,技术交底未明确相应措施,或现场监管不到位。

【预控措施】

(1)技术人员现场参与定位,确保定位准确。打眼遇到钢筋时,可以适当倾斜或偏移一定范围;保证打孔竖直方向和水平方向都在一条线上,对拐弯处和轨道升降处,应增加定位点的密度。

(2)做好技术交底,现场严格按照技术交底施工。

(3)应对转弯处、跨距较大部位落实相应技术交底,明确技术要求,提高作业人员的责任心,并对转弯凸出部位视情况加装橡胶垫,以避免漏缆刚蹭破皮等问题;跨距较大部位应采用钢丝绳及固定钩等,确保牢固可靠。

标准化漏缆卡具安装见图 15-23,漏缆敷设完成见图 15-24。

图 15-23　标准化漏缆卡具安装　　　　　图 15-24　漏缆敷设完成

15.3.3 轨行区线缆敷设质量控制

【问题描述】

(1)敷设折返线处漏缆的长度小于设计长度。

（2）敷设区间设备处的光、电、漏缆余留不够长。

（3）区间直放站处的光、电、漏缆的预留位置离直放站位置超过 10 m。

图 15-25　线缆预留杂乱

（4）区间敷设的光缆、市话电缆未在通号引入间内进行预留。

（5）区间光缆在上一个站内预留过长，导致线缆在下一个站内长度不够。

（6）敷设区间的光、电、漏缆外皮破损，线缆型号、米标等信息无法辨识。

（7）漏缆折损，驻波比大。

（8）线缆预留、连接处侵限。

线缆预留杂乱见图 15-25。

【原因分析】

（1）施工人员对漏缆的另一端预留过长或配盘长度不够。

（2）技术人员交底不到位。

（3）设计长度不足或配盘长度不足。

（4）施工人员遗漏。

（5）放线前未对站内路径长度进行测量，预留错误。

（6）施工人员敷设线缆时存在拖地、硬拽的现象，过人防门的管孔、中板孔时未对线缆采取保护措施。

（7）区间漏缆过人防门、隧道口吊装井、机电水管处敷设时，未保留合适弧度，造成折损。

（8）线缆预留、馈线连接未进行固定处理，线缆与支架未绑扎。

【预控措施】

（1）重新敷设，将过多的预留敷设至两端；做好现场定测、配盘。

（2）做好现场技术交底。线缆敷设时，技术人员要对关键部位予以提醒，确保预留足够；在前期配盘时，应对余留进行标注，引起施工人员重视。

（3）联系设计、运营单位，协调是否可以适当移动直放站位置；若不能移动，则需重新敷设。

（4）重新配盘敷设；若长度足够，将机房端多余线缆回抽到通号线缆引入间进行盘留。

（5）组织人员重新敷设，放线前对各站至机房路径进行测量。技术人员详细交底，线缆敷设时严格盯控。

（6）重新安装脱落卡具，同时展开排查，对不符合要求的卡具进行返工。

（7）加强技术交底和现场巡查，光缆的弯曲半径不应小于护套外径的 20 倍，电缆的弯曲半径不应小于电缆外径的 15 倍。

（8）对线缆预留、馈线连接进行固定处理（使用 U 型卡）。

标准化光电缆敷设见图 15-26。

图 15-26　标准化光电缆敷设

15.3.4　轨行区设备安装质量控制

【问题描述】

（1）线缆未整理，标牌未挂设，设备内部未封堵。

（2）设备安装不牢固。

（3）固定用螺栓、螺帽生锈。

（4）设备安装高度与机电区间检修电源线位置冲突。

（5）乘客信息 AP 箱/商用中继点设备安装位置与广告灯箱、消防箱、机电区间检修电源线位置冲突。

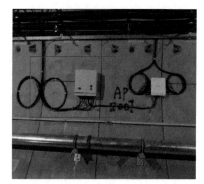

图 15-27　线缆杂乱未处理

（6）设备变形或损坏。

线缆杂乱未处理见图 15-27。

【原因分析】

（1）现场技术人员交底不到位，或施工人员未按照要求施工。

（2）厂家供货的固定螺帽/垫片与设备需求不匹配，或施工人员更换其他规格安装辅材。

（3）设计规格不符合实际需求；厂家供货不符合设计标准；施工人员更换其他规格安装辅材。

（4）设计高度与其他专业高度冲突，或其他专业未按图纸施工。

（5）厂家发货运输或施工中造成设备变形或损坏。

【预控措施】

（1）严格执行技术要求与定标标准，做好线缆整理、标牌挂设、封堵等工序作业。

（2）对不牢固的设备，更换合适规格螺帽/垫片进行重新固定，技术人员在设备安装基本完成后进行巡查。

（3）选材时，应采用不锈钢材质，并安排人员对生锈螺帽进行更换。

（4）结合现场实际情况适当移动安装位置，避让安装。

（5）联系厂家进行修复，无法修复的需重新发货。

标准化轨旁设备安装见图 15-28。

图 15-28　标准化轨旁设备安装

16.1 室内设备安装

16.1.1 机柜及机柜底座安装质量控制

【问题描述】

（1）机柜底座不方正，各底座未在同一水平面（图16-1）。

（2）机柜底座实际尺寸与设计尺寸不一致，底座与机柜底部连接固定孔不匹配。

（3）机柜安装不密贴（图16-2）。

（4）柜门开关时不流畅，外观变形，有掉漆现象。

（5）预留通道不满足设计要求。

（6）灯具、空调及有关管线安装在机柜正上方。

（7）机柜正面不在同一平面。

（8）机柜正反面安装错误。

（9）固定机柜底座的膨胀螺栓、连接机柜和底座的连接螺栓平垫、弹垫不齐全、松动。

图16-1　机柜底座安装不平整

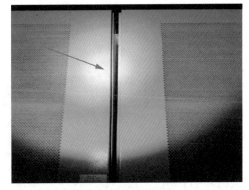

图16-2　机柜安装不密贴

【原因分析】

（1）未用激光水平仪找平。

（2）机柜尺寸、安装孔距已有变动，但施工前未向供应商确认，仍按图纸标注的机柜底座施工。

（3）机柜底座出厂时未满足标准底座制作要求。

（4）地面未找平,存在凹陷或倾斜。

（5）机柜尺寸有偏差,机柜底座也存在偏差。

（6）运输、开箱和安装机柜底座过程中,没有做好轻拿轻放,部分机柜外观变形。

（7）未与车站风水电、装饰装修专业进行对接。

【预控措施】

（1）用激光水平仪做安装辅助工具,使机柜底座表面水平。使用橡皮锤轻敲机柜底部边框,使机柜正面和侧面都在同一条直线上且水平。

（2）机柜底座加工前,要和供应商确认机柜尺寸,等机柜尺寸、安装孔距确认完毕后再加工机柜底座。

（3）做好进场产品质量检测。

（4）机柜底座进场前,与土建单位复测地面平整度。

（5）用水平尺和线坠检测机柜的水平度和垂直度偏差,按照对角方式逐一旋紧固定螺栓,并固定牢固。整列机柜前端面在平行直线上偏差应小于 5 mm;每个机柜水平偏差小于 2 mm;塞尺检查,柜间缝隙应小于 2 mm;机柜垂直偏差小于机柜高度的 1%。

（6）安装底座时复核施工图纸,机柜(组合柜)排与排的净间距大于或等于 1 m;机柜(组合柜)与墙的净间距主通道大于或等于 1.2 m、次通道大于或等于 1.0 m;电源屏排与排或电源屏与机柜(架)的净间距大于或等于 1.5 m;电源屏与墙的净间距大于或等于 1.2 m;机柜顶部距吊顶不低于 0.95 m。

（7）加强机柜在运输、进场及安装过程中的保护措施。

标准化机柜底安装见图 16-3,标准化机柜安装见图 16-4。

图 16-3　标准化机柜底座安装　　　　　图 16-4　标准化机柜安装

16.1.2 线槽安装质量控制

【问题描述】

(1) 线槽在安装时出现交叉。

(2) 线槽盖板防护不到位(图 16-5)。

(3) 走线架(槽)与防静电地板横向、纵向冲突。

(4) 走线架(槽)呈环状时,形成电气闭合。

(5) 走线架(槽)边沿出现线缆损伤。

(6) 走线架(槽)连接件不齐全,接地线不规范。

(7) 走线架(槽)支撑受力不均,支撑不齐全、松动。

图 16-5 线槽盖板防护不到位

(8) 线槽弯头未采用成品件。

(9) 电源及信号线采用带有中间隔板的线槽分槽敷设。

【原因分析】

(1) 安装前,未结合现场情况及图纸,对线槽的整体走向及布局作出合理规划。

(2) 线槽在拼接及加工过程中,未对盖板作相应的处理,导致线槽与盖板不匹配。

(3) 前期规划及安装过程中,未与防静电地板安装单位对接,走线架(槽)与防静电地板横向、纵向冲突。

(4) 施工交底不到位。

(5) 未及时在走线架(槽)边沿部位采取防护措施。

(6) 施工遗漏,现场工人不细心,现场管理和检查不到位。

(7) 走线架(槽)支撑布置不合理。

(8) 走线架(槽)安装时形成闭合回路,没有加装绝缘隔断措施。

【预控措施】

(1) 走线架(槽)安装时,提前根据线缆走向和室内有限空间合理规划桥架安装位置;根据网格线位置,避开静电地板支腿位置。

(2) 金属走线架(槽)与走线架(槽)之间在转弯处采用固定件连接,走线架(槽)连接件应安装在走线架(槽)外侧,走线架(槽)接缝处间隙应严密平整。

(3) 事先做好设备房内线槽的走向布局,盖板与线槽需同步进行拼接或加工,并加强现场检查力度。

图 16-6   标准化线槽安装

（4）加强施工技术交底。

（5）在走线架（槽）边沿进行防护处理,确保线缆不受损伤。

（6）加强旁站检查力度,及时监督和落实整改。

（7）根据走线架（槽）的布置,确定走线架（槽）支撑的安装间距。

标准化线槽安装见图 16-6。

16.1.3　柜间线缆配线及防护质量控制

【问题描述】

（1）线缆型号与设计图纸不一致。

（2）线缆敷设到机柜后余量过长或过短。

（3）敷设时线缆交叉。

（4）线缆芯线出现破损（图 16-7）。

（5）套管错误、遗漏、手写。

（6）线缆压头不牢固。

（7）柜/架间、排架间配线布线不均匀,线把粗细不均匀,绑扎不平顺整齐。

（8）室内电源线、从室外引入的光电缆与室内其他配线走线路径没有分开。

（9）采用弹簧接线方式时,出现一孔多线。

（10）设备室柜/架布置排列不合理,柜/架间、排架间布线有迂回、重叠。

图 16-7   设备配线破皮

【原因分析】

（1）施工交底不彻底,现场人员旁站监控不到位。

（2）线缆进入机柜余量均参照机柜最高层预留,致使线缆过长,造成材料浪费;现场布放线缆概算或测量有误或未复核而直接施工,导致线缆过短,造成材料浪费。

（3）线缆敷设路径规划不合理。

（4）在剥线时用力过度,导致线缆被剥刀划伤。

（5）施工过程中套管机、套管等工器具准备不齐全,施工过程中粗心大意,导致部分套管错误、遗漏、手写。

（6）芯线剥皮后,铜线过长或过短。

【预控措施】

(1) 线缆敷设前,综合考虑室内走线架、室外光电缆走线槽、相关专业线缆路径,提前规划,避免交叉。

(2) 加强现场监管和对施工人员的指导。

(3) 必须使用低烟无卤阻燃型线缆;敷设在静电地板下方的,必须采用带外护套的线缆。

(4) 室内敷设的所有线缆不允许出现中间接头或露铜的情况,按照实际层数敷设。

(5) 剥线时,控制剥刀的力度,既要剥开线缆外壳,又要保证不能损伤芯线;已经损伤的线缆,需要重新敷设。

(6) 施工前,套管机、套管等工器具应准备齐全;施工过程中,必须使用套管机进行打号,确保号码正确、清晰,防止遗漏,不准手写。

(7) 严格按照技术指导书中的要求施工。

(8) 认真进行图纸审核,提前发现汇总一孔多线问题,提交给设计单位进行优化。

(9) 施工前,首先对线缆敷设路径进行现场勘查、测量,制定线缆敷设方案,并严格按照方案进行施工。

(10) 线缆进入机柜,应根据线缆成端位置增加绑把余量以预留线缆,减少材料浪费。

标准化柜间线缆敷设见图 16-8,标准化配线见图 16-9。

图 16-8　标准化柜间线缆敷设　　图 16-9　标准化配线

16.2　室外设备安装

16.2.1　光电缆敷设防护质量控制

【问题描述】

(1) 电缆绝缘不达标。

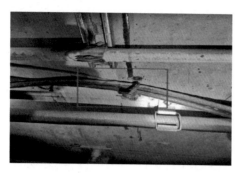

图 16-10　线缆防护卡具脱落

（2）电缆埋设深度不够。

（3）电缆沟开挖、防护不到位。

（4）电缆扭绞、破损。

（5）管口部位未做好防护。

线缆防护卡具脱落见图 16-10。

【原因分析】

（1）电缆在敷设前、敷设后、配线后未进行单盘测试，或单盘测试数据不真实。电缆头端未及时进行有效封堵，造成电缆受潮。

（2）电缆沟开挖前，场地未平整。

（3）电缆沟开挖时，污染道砟未用彩条布进行防护。

（4）电缆敷设时没有做好防护。

【预控措施】

（1）电缆在进场后、敷设前，要对每盘电缆进行绝缘测试，主要包括芯线导通、绝缘电阻、导线直流电阻、工作线对导体电阻不平衡、工作电容等测试项目。每一单盘电缆测试前均必须统一编号，并在电缆盘两侧标注清晰，然后检查电缆盘外包装是否完整，电缆外观是否有破损等现象。敷设过程中，注意及时对电缆头端进行封堵。

（2）开挖前，及时与其他单位对接，了解场地标高。

（3）开挖电缆沟及开挖过道时，应使用彩条布进行防护，避免污染道床；严禁直接将土放到道砟上。

（4）敷设电缆距离较远时，中间应放置滑轮或增加作业人员密度；特殊部位，如人防门、端头井等转弯部位，应增加专人看守和防护。

图 16-11　标准化光电缆敷设防护

（5）施工前，做好光电缆敷设首段定标；敷设时，严格落实首段定标敷设标准。

（6）线缆过管时，管口部位加装橡胶垫防护线缆。

标准化光电缆敷设防护见图 16-11。

16. 2. 2　箱盒安装质量控制

【问题描述】

（1）配线完成后，备用芯线数量不足。

（2）箱盒漏胶、灌胶深度不够。

（3）箱盒安装不平整。

（4）固定箱盒的螺栓、平垫片、弹簧垫片或放松螺帽缺失或不齐。

（5）箱盒安装完成后不平整。

（6）箱盒防护管破损。

箱盒内部未封堵见图 16-12。

【原因分析】

（1）线缆断芯或增加其他贯通线。

（2）箱盒做头时,灌胶胎膜未密封。

（3）箱盒安装时,未仔细测量。

【预控措施】

（1）加强线缆进场的检验措施,根据要求减少备用芯时,应及时反馈并增补。

（2）将胎膜密封后,在重新灌胶前,电缆根部使用棉纱封堵,以防止漏胶。灌胶高度宜略低于胶室,但不低于电缆剥头部位。

（3）室外各类箱盒安装位置应满足工程限界要求;箱盒安装时,使用水平尺,确保箱盒安装平整美观。

标准化箱盒安装见图 16-13。

图 16-12　箱盒内部未封堵　　　　　图 16-13　标准化箱盒安装

16.2.3　信号机安装质量控制

【问题描述】

（1）信号机安装完成后不满足限界要求。

（2）信号机处于弯道或有障碍物而导致显示距离过短时,选择倒边或移位。

（3）机构固定不牢固、接地不规范,机构容易受潮,配线在引入口无防护。

（4）信号机显示方向错误。

（5）信号机显示的位置不能满足运营要求。

【原因分析】

（1）信号机安装支架的设计不能满足所处地段对限界的要求，线路曲线地段安装时忽视了曲线限界加宽的要求。

（2）各专业间接口对接不充分。

【预控措施】

（1）特殊地段按照限界图要求设计选择信号机支架，注意曲线地段的限界加宽要求。

（2）设计或施工时，对接需充分；对影响信号机显示的位置进行调整，确保信号显示符合规范要求。

标准化信号机安装见图 16-14。

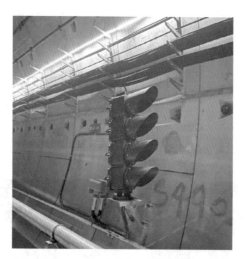

图 16-14　标准化信号机安装

16.2.4　转辙机安装质量控制

【问题描述】

（1）转辙机基坑深度不足。

（2）转辙机安装不方正。

（3）安装装置无法安装或安装完成后不密贴。

（4）电机螺杆不满帽。

（5）道岔开程不够、吊板。

（6）开口销不齐全，开口角度不规范。

（7）安装装置螺栓松动。

（8）箱盒到转辙机连线破损。

（9）转辙机安装位置错误。

【原因分析】

（1）浇筑转辙机基坑并完成防水措施后，基坑底面距离轨道表面的高度不满足转辙机安装要求。

（2）转辙设备安装时，轨道专业道岔不方正，未达到安装条件。

（3）轨道道岔状态不合格，道岔尖轨存在翘头、反弹、密切不好等问题。

（4）安装装置各部位螺栓安装时混用，未按要求各自到位。

（5）转辙设备安装前，道岔工电联检不严格。

（6）施工遗漏，检查不到位。

（7）巡检频率不足。

（8）引线口防护不到位，引线管产品内部有金属材料不符合要求。

（9）图纸上左右安装识别错误。

【预控措施】

（1）道床浇筑前，与铺轨单位及时对接，提供基坑底面距离轨道表面的高度要求。

（2）道岔转辙装置安装前，认真进行道岔工电联检，并办理上下道工序书面交接手续。确认道岔状态达到转辙装置安装条件后，方可开始钢轨打孔作业。

（3）安装前，应检查道岔尖轨翘头、反弹、吊板、尖轨与基本轨密切等情况；符合安装标准的规定后，方能进行转辙装置安装。

（4）安装时，应准确使用各部位螺栓，杜绝混用。

（5）加强引线口防护，提供符合要求的引线管。

标准化转辙机安装见图 16-15。

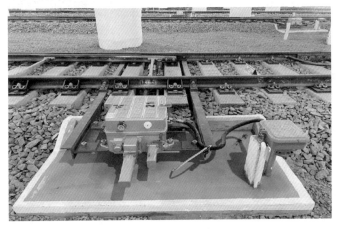

图 16-15　标准化转辙机安装

16.2.5 信标安装质量控制

【问题描述】

（1）信标安装位置偏移。

图 16-16　信标防护不到位

（2）信标与钢轨面的垂直距离不达标。

（3）信标固定螺栓松动、设备损坏。

（4）已安装好的设备受损。

信标防护不到位见图 16-16。

【原因分析】

（1）定测时未能精确测量，未及时做好标记（设备中心标识）。

（2）信标安装时未使用测量工具，或安装时测量方法不对。

（3）固定螺杆松动、底座未固定，导致信标整体晃动、破损。

（4）已安装好的设备未及时做好成品保护标志。

【预控措施】

（1）设备定测后及时做好标记（标记须不容易损坏）。

（2）信标安装时，需用方尺测量设备位置是否偏移，用卷尺测量设备与钢轨面的垂直距离。

（3）设备安装后，及时做好成品保护标志。

（4）信标固定螺杆、垫圈、弹簧垫圈、螺母齐全紧固，并采取防松措施。

（5）螺栓固定时使用扭矩扳手，力矩应符合规定。

标准化信标安装见图 16-17。

图 16-17　标准化信标安装

16.2.6 计轴安装质量控制

【问题描述】

（1）磁头松动、安装不牢固。

（2）铜套无法安装。

（3）尾缆芯线断裂。

（4）信号传输受到干扰。

（5）弯道处计轴定测在外弯侧钢轨。

(6) 计轴磁头定测位置距离钢轨夹板、焊缝、回流线过近。

计轴尾缆弯折见图 16-18。

【原因分析】

(1) 钻孔时模具未卡到位,模具松动,造成钻孔眼位偏离。

(2) 钻孔时用力过度使钻头倾斜,造成铜套无法正常安装。

(3) 尾缆未增加防护管进行防护。

(4) 尾缆走线时形成了闭合的环,或磁头受损。

图 16-18　计轴尾缆弯折

(5) 定测错误、标识位置错误。

【预控措施】

(1) 钻孔时,仔细检查卡具是否卡到位;安装磁头时,磁头是否与钢轨密贴。

(2) 铜套需用专用工具来安装固定。

图 16-19　标准化计轴安装

(3) 尾缆增加防护管,走线有序并打卡箍固定。

(4) 尾缆走线应避免闭环产生的磁场干扰,设备安装完成后及时做好成品保护。

(5) 通过集成商技术交底,明确弯道侧计轴磁头安装在内弯侧钢轨。

标准化计轴安装见图 16-19。

16.2.7　轨旁 TRE、TRE 防雷天线、BBU、RRU 安装质量控制

【问题描述】

(1) TRE、BBU、RRU 设备安装不牢固。

(2) TRE、BBU、RRU 进线杂乱。

(3) TRE、BBU、RRU 故障率较高。

(4) TRE 防雷天线接地阻值未达标。

【原因分析】

(1) TRE、BBU、RRU 与其安装支架连接螺栓未紧固,或支架固定螺栓未紧固。

(2) 未设置线缆理线架,线缆预留及成端无法固定。

(3) 设备安装时,线缆进线孔未防护,使灰尘或水进入,影响数据传输。

(4) TRE 防雷天线接地线未与区间接地扁铁连接,直接连接至设备支架。

标准化 RRU 安装见图 16-20,标准化 TRE 及 TRE 防雷天线安装见图 16-21。

图 16-20　标准化 RRU 安装

图 16-21　标准化 TRE 及 TRE 防雷天线安装

【预控措施】

(1) 安装前做好技术交底,同时加强施工质量检查。

(2) 设备安装前,需充分考虑设备安装及线缆预留成端的固定方式。

(3) 设备在安装前无必要不得开箱,在搬运过程中需尽量使用原包装;安装完成后,做好进线孔的封堵和防护。

(4) TRE 防雷天线安装前应做好技术交底,明确接地线连接方式。

16. 2. 8　轨旁无线设备衰耗过大风险控制

【问题描述】

(1) 漏缆信号衰耗过大。

(2) 光缆衰耗过大。

(3) 漏缆安装方向错误。

漏缆敷设不平整见图 16-22。

【原因分析】

(1) 漏缆接头及馈线接头未安装好、防水未做好,导致信号传输受影响。

(2) 光缆中间接续熔接时未达标,接续盒内余留量盘留损伤、设备终端法兰盘有问题等造成光衰过大。

(3) 敷设漏缆时未分清方向,漏缆和射频电缆出现背扣、折弯现象,敷设时未经过专业人士指导。

【预控措施】

(1) 漏缆接头安装应满足安装技术要求,防

图 16-22　漏缆敷设不平整

水制作应使用专用防水胶。

（2）光缆熔接时检测熔接是否达标，接续盒内余留量盘留加强防护，设备终端法兰盘有问题应及时更换。

（3）漏缆敷设必须有专业人士在旁指导。

具体做法见图 16-23—图 16-25。

图 16-23　标准化漏缆敷设

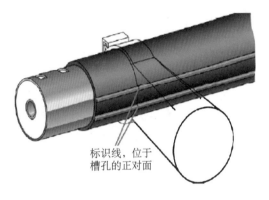

图 16-24　漏缆正确安装方向

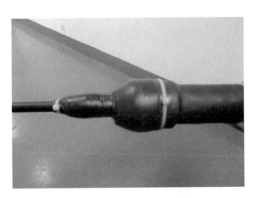

图 16-25　漏缆接头完成图

参考文献

［1］吴林高,朱雁飞,娄荣祥,等.深基坑工程承压水危害综合治理技术［M］.北京：人民交通出版社,2016.

［2］刘军,潘延平.轨道交通工程承压水风险控制指南［M］.上海：同济大学出版社,2008.

［3］王如路.轨道交通地下车站深基坑施工承压水突涌预控对策与应急策略［J］.隧道与轨道交通,2019(3):5-10.